Dietmar Fink | Matthias Hartmann

Das Missing-Link-Prinzip

Dietmar Fink | Matthias Hartmann

Das Missing-Link-Prinzip

Schließen Sie die Lücke zwischen Strategie und Umsetzung!

HANSER

FSC
Mix
Produktgruppe aus vorbildlich bewirtschafteten Wäldern und anderen kontrollierten Herkünften
Zert.-Nr. GFA-COC-001262
www.fsc.org
© 1996 Forest Stewardship Council

Das für dieses Buch verwendete FSC-zertifizierte Papier liefert Salzer, St. Pölten.

Bibliografische Information der Deutschen Nationalbibliothek
Die Deutsche Nationalbibliothek verzeichnet diese Publikation in der Deutschen Nationalbibliografie; detaillierte bibliografische Daten sind im Internet über http://dnb.d-nb.de abrufbar.

1 2 3 4 6 12 11 10 09

Internet: http://www.hanser.de
Lektorat: Martin Janik
Herstellung: Ursula Barche
Umschlaggestaltung: Büro plan.it, München, unter Verwendung
eines Bildmotivs von © fotoflash-Fotolia
Grafiken: K 16 GmbH, Hamburg
Satz: Presse- und Verlagsservice, Erding
Druck und Bindung: Friedrich Pustet, Regensburg
Printed in Germany

ISBN 978-3-446-41791-5

„Das große Ziel des Lebens ist nicht Wissen,
sondern Handeln."
Thomas Henry Huxley

Inhalt

Vorwort XI

Das Prinzip 1

Strategie und Evolution: Darwins Bulldogge 6
Fit für die Zukunft: die schöne neue Welt 9

Die Methodik 15

Das Unternehmen der Zukunft 17
Tools und Terminologie der Evolution 26
Das Beispiel Facebook: irgendwo zwischen Nigeria und Japan 33

Vom Wissen zum Handeln: So finden und überwinden Sie die Missing Links 41

Der Umgang mit Veränderungen: auf der Wildwasserbahn 45

Fokussiert auf den Wandel: Veränderungsmanagement bei der Commerzbank 54

✗ WISSEN: So finden Sie die Missing Links der Veränderung 59

✔ HANDELN: So überwinden Sie die Missing Links der Veränderung 64

Stabilität durch gezielten Wandel: die Landwirtschaftliche Sozialversicherung 73

Die Fähigkeit zur Innovation: das Buch der 96 Narren 79

Innovativer als von den Kunden erwartet: Jam Sessions bei Daimler 92

✗ WISSEN: So finden Sie die Missing Links der Innovation ... 96

✓ HANDELN: So überwinden Sie die Missing Links der Innovation ... 101

Die Zukunft ist gelb: sensible Transporte bei DHL ... 108

Die globale Agilität: China und das Vogelnest ... 114

Global integriert: das Netzwerk von Li & Fung ... 126

✗ WISSEN: So finden Sie die Missing Links der globalen Integration ... 129

✓ HANDELN: So überwinden Sie die Missing Links der globalen Integration ... 134

Total global: Standortentscheidungen bei Schering ... 141

Die Flexibilität des Geschäftsmodells: Revolution der Rasierklingen ... 146

Von Natur aus revolutionär: telefonieren mit Skype ... 158

✗ WISSEN: So finden Sie die Missing Links des Geschäftsmodells ... 162

✓ HANDELN: So überwinden Sie die Missing Links des Geschäftsmodells ... 167

Drängeln am Deich: neue Strukturen bei der Meyer Werft ... 176

Das gesellschaftliche Engagement: Wohltätigkeit als Wettbewerbsvorteil ... 181

Engagiert, nicht nur regelkonform: Soßen von Newman's Own ... 190

✗ WISSEN: So finden Sie die Missing Links des gesellschaftlichen Engagements ... 192

✓ HANDELN: So überwinden Sie die Missing Links des gesellschaftlichen Engagements ... 198

Vom Keller ins Wohnzimmer: intelligenter Strom von EnBW ... 205

Schlussbemerkung 210

Danksagung 212

Anmerkungen 213

Register 219

Vorwort

„Wissen Sie was?“ Mit einer ausladenden Geste lehnte sich unser Gesprächspartner in seinem Ledersessel zurück. Vor einigen Monaten erst war er zum Vorstandschef eines der größten Unternehmen seiner Branche aufgestiegen. Voller Begeisterung hatte er uns von seinen Plänen erzählt, davon, wie er seinen Konzern noch größer, noch profitabler, noch erfolgreicher machen werde. Doch nun, weit nach dem ursprünglich vorgesehenen Ende eines freundlichen, aber doch sachlich-distanzierten Gesprächs, kam in ihm das Bedürfnis auf, eine überraschende Erkenntnis mit uns zu teilen. Eine Erkenntnis, die ihn seit seinem Amtsantritt offenbar zutiefst beschäftigte. „Wissen Sie was?“, fragte er nachdenklich. „Im Grunde hat mein Vorgänger alles richtig gemacht. Er hat die richtigen Analysen erstellt, die richtigen Schlüsse gezogen, die richtigen Strategien formuliert. Es passt einfach alles.“ Sein Blick wanderte aus dem Fenster über die abendliche Skyline der nahe gelegenen Stadt. Als er wieder ansetzte, schien seine jungenhafte Dynamik für einen Moment einem Anflug von Zweifel gewichen. „Es gibt nur ein Problem: Wir wissen alles, aber wir tun es nicht.“

Mit dieser Erfahrung war unser Gesprächspartner nicht alleine. Es ist ein Phänomen, das die meisten Unternehmen immer stärker zu spüren bekommen: Die Lücke zwischen Strategie und Umsetzung, zwischen Wissen und Tun, diese Lücke klafft immer weiter auseinander. Wie drastisch diese Entwicklung verläuft, das verdeutlicht eine kürzlich vorgestellte Studie von IBM, an der sich über 1 100 Vorstände und Führungskräfte aus der ganzen Welt beteiligt haben. Eines der zentralen Ergebnisse

– wenn nicht gar *das* zentrale Ergebnis: Die „Umsetzungslücke", wie sie die Studie nennt, hat sich innerhalb von nur zwei Jahren nahezu verdreifacht. Acht von zehn Vorständen sehen tief greifende Veränderungen auf ihr Unternehmen zukommen. Ihr Vertrauen in die eigene Fähigkeit, diese Veränderungen zielgerichtet zu steuern, ist indessen nicht sehr groß. Kaum mehr als jeder zweite beurteilt den Umgang seines Unternehmens mit den Veränderungen der letzten Jahre als erfolgreich. Denn viele Führungskräfte stoßen in ihrem Bestreben, die erforderlichen Entwicklungen voranzubringen, auf eine hartnäckige Gegenlogik unterschwelliger Beharrungskräfte, die ein nur sehr bedingt beeinflussbares Eigenleben zu führen scheinen. Wir beobachten dies fast täglich im Rahmen unserer Arbeit – aus der Perspektive des Beraters und aus der des Wissenschaftlers. Immer häufiger begegnen uns Frustration und Unverständnis darüber, dass man das angestrebte Ziel seit Langem kennt, dass man es mit zahllosen Analysen und Projekten sorgsam unterfüttert – aber nichts geschieht. Es ist bezeichnend, dass die meisten Führungskräfte ihren eigenen Verantwortungsbereich mittlerweile als überanalysiert empfinden. Sie wissen nur allzu gut, was getan werden müsste; ein Erkenntnisproblem besteht in den seltensten Fällen. Gleichwohl erscheinen uns viele Unternehmen heute geradezu handlungsunfähig.

Eine wesentliche Ursache hierfür liegt im traditionellen Strategieverständnis, das an den führenden Universitäten gelehrt und in den meisten Unternehmen praktiziert wird. Es beruht auf der bereits in den 60er-Jahren an der Harvard Business School entwickelten Gliederung des Strategieprozesses in zwei zeitlich aufeinanderfolgende Phasen: zunächst die Formulierung und anschließend die Implementierung einer Strategie. Erst wird nachgedacht, zumeist auf dem Papier, dann wird umgesetzt. Diese gedankliche Zweiteilung mündete schon bald in eine vordergründige Hierarchie. Die großen Strategen brillierten mit anspruchsvollen Analysen, zeichneten aufwendige Portfolios und ersannen eine visionäre Zukunft für die von ihnen geführten Unternehmen. Die Kärrnerarbeit jedoch, die Realisierung ihrer wegweisenden Ideen, die überließen sie dankend anderen.

Dass dieser Weg nicht Erfolg versprechend ist, das zeigt die gegenwärtige Situation nur allzu deutlich. Die Chancen, die sich auftun, und die Risiken, die es abzuwenden gilt, haben die meisten Unternehmen längst erkannt. Allein das Unvermögen, tatsächlich das zu tun, was offensichtlich getan werden muss, lässt viele von ihnen in ihrer aktuellen Position verharren.

Im Grunde gibt es zwei Möglichkeiten, auf diese Situation zu reagieren: Entweder, man ignoriert die natürliche Abhängigkeit zwischen der Formulierung und der Implementierung einer Strategie und unterwirft ihre Umsetzung den nüchtern-rationalen Unternehmensmodellen der klassischen Betriebswirtschaftslehre – und das wenn nötig mit beträchtlichem Druck. Dann jedoch wird Führung zum subtilen Machtkampf, den das Topmanagement in der Praxis nicht selten mit der Hilfe von Organisationspsychologen und Change-Experten für sich zu entscheiden versucht.

In den meisten Unternehmen ist diese Vorgehensweise heute an der Tagesordnung. Die Erfahrung zeigt jedoch, dass sie fast zwangsläufig in einen Teufelskreis mündet. Überspitzt lässt sich dieser wie folgt illustrieren: Wir formulieren eine Strategie und setzen dann ein Veränderungsprogramm auf, das ihre Umsetzung – oder besser: ihre Durchsetzung – gewährleisten soll. Nicht selten scheitern diese Programme, und so entscheiden wir uns, noch mehr Mittel in die Durchsetzung zu investieren. Wir engagieren Coachs und Trainer, veranstalten Seminare und Workshops. Stellen wir fest, dass auch diese Maßnahmen nicht greifen, dann engagieren wir noch mehr Coachs und Trainer und veranstalten noch raffiniertere Seminare. Denn in der Praxis hat sich in vielen Unternehmen – oftmals völlig unbewusst – die kuriose Regel etabliert: Je geringer der Erfolg der Implementierungsmaßnahmen, desto mehr investieren wir in sie. Betriebswirtschaftlich im Grunde ein Offenbarungseid.

Sinnvoller als alle Investitionen in die Implementierung isoliert erdachter Strategien ist die zweite Möglichkeit, auf die immer bedrohlichere Umsetzungslücke zu reagieren: die konsequente Verzahnung der Formulierung und der Implementierung einer Strategie. Damit meinen wir nicht das bloße Berücksichtigen der Umsetzbarkeit einer Strategie bereits bei ihrer Formulierung, sondern eine weit darüber hinausgehende, umfassende Integration der beiden strategischen Phasen. Wir plädieren im vorliegenden Buch für diesen zweiten Weg, der in der gängigen Managementliteratur bisher kaum Beachtung findet. Denn wenn Investitionen in den „hinteren Teil" des Strategieprozesses keine Besserung bringen, dann liegt es nahe, den „vorderen Teil" zu stärken und ihn intelligent mit dem hinteren zu verknüpfen.

Sowohl die Formulierung als auch die Implementierung einer Strategie befassen sich immer mit Zielen, die in der Zukunft liegen – mit einer angestrebten Stellung am Markt, die es zu erreichen gilt, um die Wettbewerbsfähigkeit und den Wert eines Unternehmens zu erhöhen. Hat man die angestrebte Position definiert, muss man sie auf die Gegenwart herunterbrechen und an den bestehenden Gegebenheiten spiegeln. Auch hier resultiert eine Lücke – eine Lücke zwischen dem, was man heute ist, und dem, was man in Zukunft sein möchte. Diese strategische Lücke ist nichts anderes als die oben beschriebene Umsetzungslücke, nur aus einem anderen Blickwinkel betrachtet. Sie repräsentiert das fehlende Bindeglied – den *Missing Link* – zwischen den Möglichkeiten und Potenzialen eines Unternehmens auf der einen Seite und seinen bestehenden Realitäten auf der anderen.

In den nachfolgenden Kapiteln wollen wir Ihnen eine Methodik nahebringen, die Sie in die Lage versetzt, in Ihrem Unternehmen die Missing Links zu erkennen und die Verbindungsstücke zwischen Strategie und Umsetzung, zwischen der angestrebten Position Ihres Unternehmens in der Zukunft und dem derzeitigen Status quo zu gestalten.

Unser Buch soll Sie jedoch nicht nur mit der Methodik vertraut machen, es soll Sie darüber hinaus auch dabei unterstützen, unmittelbar zu handeln. So finden Sie zu den einzelnen Elementen der Methodik nicht nur zahlreiche bemerkenswerte Fallbeispiele aus der Praxis, sondern auch umfangreiche Tabellen und Checklisten, die es Ihnen ermöglichen, Ihr Unternehmen und seine Wettbewerber zu bewerten und daraus die konkreten Schritte abzuleiten, die Sie gehen müssen, um aus den Missing Links in Ihrem Unternehmen „Connecting Links" – also etablierte, funktionierende Bindeglieder – zu machen.

Da die Möglichkeiten eines Buchs in mancher Hinsicht begrenzt sind, haben wir für all die Leser, die eine tiefer gehende Auseinandersetzung mit den Missing Links in ihrem Unternehmen angehen wollen, weitere Ressourcen im Internet bereitgestellt, auf die Sie unter *www.missing-link-online.com* zugreifen können. Dort finden Sie unter anderem ein computergestütztes Tool zur exakten Einordnung Ihres Unternehmens. Zudem haben Sie die Möglichkeit, auf eine umfassende Datensammlung zuzugreifen, die es Ihnen erlaubt, Ihr eigenes Unternehmen gegen mehr als 1 000 Unternehmen aus aller Welt zu „benchmarken" – darunter auch Firmen, die unsere Methodik bereits erfolgreich eingesetzt haben.

Bonn und Stuttgart im Frühjahr 2009

Dietmar Fink
Matthias Hartmann

Das Prinzip

Am 8. September 2002 sorgte ein Interview in der Sonntagsausgabe der *Neuen Zürcher Zeitung* weit über die Grenzen der Schweiz hinaus für Aufsehen. „ABB wird kleiner werden." Verbindlich im Ton, aber hart in der Sache erläuterte Jürgen Dormann, wie er den taumelnden Technologieriesen Asea Brown Boveri, dessen Chefposten er wenige Tage zuvor übernommen hatte, aus einer existenziellen Krise führen werde. Dem erfahrenen Unternehmenslenker eilte nach einem radikalen Umbau des Chemiekonzerns Hoechst der Ruf eines knallharten „Machers" voraus. Und genau diese Qualitäten waren nun auch bei den Schweizern dringend gefragt. Denn bei ABB war die Umsetzungslücke – die Lücke zwischen dem, was man hätte tun müssen, und dem, was man tatsächlich tat – vor Dormanns Amtsantritt so groß wie bei kaum einem anderen Unternehmen. Der einstige Vorzeigekonzern stand, in mehrfacher Milliardenhöhe verschuldet und weit in der Verlustzone, kurz vor dem Bankrott. Dormanns Vorgängern, den Schweden Göran Lindahl und Jörgen Centerman, war es nach einer ungezügelten Expansion in den 90er-Jahren nicht gelungen, den Weg des Unternehmens in eine erfolgreiche Zukunft zu ebnen. Die Umsätze waren um 30 Prozent eingebrochen, und anstelle der ehemals stattlichen Gewinne schrieb ABB tiefrote Zahlen. Nur mithilfe einer Umschuldung konnte der finanzielle Zusammenbruch noch abgewendet werden. Und dabei hatte alles so vielversprechend begonnen.

Als sich die schwedische Asea und die schweizerische Brown, Boveri & Cie. (BBC) 1988 zur weltweiten Nummer drei unter den großen Technologiekonzernen zusammenschlossen, wurde dies von den Medien als Meilenstein der Wirtschaftsgeschichte gefeiert. In den ersten Jahren schien das neue Unternehmen dann auch nur einen Weg zu kennen: steil nach oben, immer weiter hinauf. Eng verbunden waren die frühen Erfolge vor allem mit einem Mann, dem damaligen Unternehmenslenker Percy Barnevik. Er trieb seine Mitarbeiter zu Höchstleistungen, kaufte über 150 Firmen in aller Welt und verdreifachte zwischen 1988 und 1996 den Konzerngewinn. Jahr für Jahr stieg der Aktienkurs damals im Schnitt um 23 Prozent. Kein Wunder also, dass Barnevik von der *Financial Times* Mitte der 90er-Jahre viermal in Folge zum „Chairman of Europe's most respected Company" gekürt wurde.

Doch Barneviks Erfolg hatte einen gravierenden Makel: Er war teuer erkauft. ABB steckte Milliarden in überstürzte Firmenübernahmen. Wie nachlässig die Verantwortlichen bei mancher Transaktion agierten, das zeigt die Akquisition der US-Firma Combustion Engineering. Bei der Übernahme im Jahr 1989 hatten Barnevik und seine Firmenjäger gefährliche Altlasten übersehen, die aus den Geschäften des Unternehmens in den 70er-Jahren stammten. Damals hatte die Firma tonnenweise krebserregenden Asbest verbaut – und nun hagelte es in den USA Klagen, an denen ABB schwer zu tragen hatte. Unter dem Strich sollte das Debakel, das erst 2006 in einem Vergleich endete, den Konzern mit fast zwei Milliarden Dollar belasten. Und auch die vielen anderen, mit einer enormen Taktrate durchgezogenen Akquisitionen strapazierten die ABB-Finanzen. Die Schulden des Konzerns drohten, außer Kontrolle zu geraten.

Gleichzeitig ließ das von Barnevik eingeführte Organisationskonzept gefährliche Schwächen erkennen. Um die bestehenden Kulturunterschiede zwischen den beiden fusionierten Firmen zu überwinden – Asea agierte stark vertriebsorientiert, bei BBC hingegen dominierten Ingenieure –, hatte er eine

Matrixorganisation etabliert. Eine doppelte Führungsstruktur aus Landesgesellschaften und Geschäftseinheiten sollte das komplexe Unternehmensgeflecht, das in 5 000 eigenständige, in der ganzen Welt verstreute Profitcenter aufgespalten war, zu einem schlagkräftigen Ganzen formen. So wollte Barnevik mit schnellen, flexiblen Firmeneinheiten, die intern als „Schnellboote" bezeichnet wurden, schwerfälligen Tankern wie dem Siemens-Konzern Geschäft abjagen. Auf dem Papier eine gute Idee, in der Praxis indes sah man sich mit einem ganz anderen Problem konfrontiert: Viele ABB-Einheiten machten sich in der neuen Struktur gegenseitig das Leben schwer. Bisweilen konkurrierten ABB-Kollegen aus Deutschland, Schweden, England und den USA um denselben Auftrag – und verdarben so die Preise. Im Zweifel entschied Barnevik persönlich, welche Einheit den Zuschlag bekam.

Dieser Führungsstil stieß bei Weitem nicht nur auf Zustimmung. Doch der Schwede an der ABB-Spitze agierte, wie er wollte. Vor allem die Familie Wallenberg, einer der größten Anteilseigner des Konzerns, stärkte ihm den Rücken. So konnte Barnevik acht Jahre als Vorstandschef und weitere fünf Jahre als Verwaltungsratspräsident faktisch wie ein Alleinherrscher über das Schicksal des Konzerns befinden. Wie weit Barneviks Macht ging, offenbarte sich 2001. Damals wurde bekannt, dass er fünf Jahre zuvor, als er den Chefposten im ABB-Vorstand aufgab, um in den Verwaltungsrat zu wechseln, 148 Millionen Schweizer Franken Pensionszahlungen kassiert hatte – vorbei an allen Gremien. Nachdem die Millionenabfindung intern bekannt wurde, dankte Barnevik als Verwaltungsratschef ab. Er hinterließ einen Konzern ohne zukunftsträchtiges Geschäft, ohne finanzielle Mittel und ohne inneren Zusammenhalt.

Zu seinem Nachfolger an der Spitze des Verwaltungsrats wurde Jürgen Dormann bestellt. Auf dem Chefposten im Vorstand sollte zunächst Barneviks Landsmann und Vertrauter Göran

Lindahl das Unternehmen zurück auf einen erfolgreichen Kurs führen. Doch Lindahl konnte – ebenso wie sein Nachfolger, der Schwede Jörgen Centerman – die in ihn gesetzten Erwartungen nicht erfüllen; und das, obwohl die drängendsten Aufgaben der Konzernführung im Grunde offensichtlich waren: Um die Krise zu meistern, musste der Konzern vor allem die von Barnevik geschaffene Organisationsstruktur und die Folgen seiner exzessiven Akquisitionspolitik in den Griff bekommen. ABB musste schlanker werden, der Konzern brauchte eine neue Führungsstruktur und er musste auf seine Kernkompetenzen fokussiert werden. Doch unter der Ägide von Lindahl und von Centerman bewegte sich ABB nur träge in die vorgegebene Richtung.

„Lindahl hatte keine Strategie, sondern erzeugte Leerlauf mit viel Geräusch", erinnert sich ein ehemaliger Manager aus der Züricher Zentrale.[1] Viele seiner Ankündigungen wurden niemals realisiert. Aus der Sicht so mancher Führungskraft dienten sie vor allem einem Zweck: der Kompensation von Lindahls Persönlichkeitsdefizit gegenüber seinem Vorgänger. Mangelnde Ausstrahlung ersetzte er durch Härte, mangelndes Charisma durch Hierarchie. Doch die dringlichsten Probleme des Konzerns gingen weder er noch sein Nachfolger Centerman konsequent an. Die Folgen waren katastrophal. Unter der Regie von Centerman verloren die ABB-Aktien vorübergehend bis zu 70 Prozent ihres Wertes.[2]

Ende 2002 sah sich Jürgen Dormann schließlich zum Handeln gezwungen. Im Verwaltungsrat betrieb er die Absetzung von Centerman. Er traute es dem Schweden nicht mehr zu, den hoch verschuldeten Konzern zu retten. Und auch keiner der anderen ABB-Vorstände schien damals stark genug, die dringend erforderlichen Maßnahmen zum Umbau des Konzerns tatsächlich durchzusetzen. Und so wagte der Verwaltungsrat einen überraschenden Coup: Dormann selbst erklärte sich bereit, die Spitzenposition im Vorstand zu übernehmen. Am 5. September

2002 trat er als neuer Konzernchef an; mit einer klaren Vision für eine erfolgreiche Zukunft des Konzerns.

Was zu tun war, um das angeschlagene Unternehmen vor einem Zusammenbruch zu bewahren, das war auch vor Dormanns Amtsantritt im Grunde kein Geheimnis. Doch erst mit seiner Einsetzung begann man bei ABB, die Lücke zwischen dem, was man wusste, und dem, was man tat, konsequent zu schließen. Dormann reorganisierte und verschlankte. Nur zwei Geschäftsbereiche, die Energie- und die Automationstechnik, sollten im Konzern verbleiben. Die übrigen Sparten – etwa die vorgelagerten Bereiche Öl, Gas und Petrochemie – stellte er zum Verkauf. Interne Servicebereiche, die nicht zur Differenzierung am Markt beitrugen, wurden an externe Partner ausgelagert. Redundante Geschäftsprozesse, IT-Systeme und Funktionen, die im Rahmen der vielen Akquisitionen des Konzerns entstanden waren und seither parallel betrieben wurden, mussten integriert und gestrafft werden. Hunderte von Einzelmaßnahmen wurden umgesetzt, die Komplexität der Organisation wurde verringert, einheitliche, globale Vorgehensweisen wurden festgelegt – etwa für das Rechnungswesen und die Personalabteilung – und letztendlich Einsparungen von mehr als 900 Millionen Dollar pro Jahr realisiert.

Dormann gelang es, einen ehemals erfolgsverwöhnten Konzern, der sich viel zu lange auf dem Ruhm vergangener Tage ausgeruht hatte, aus seiner Lethargie zu befreien und den Menschen in der Organisation neues Selbstvertrauen zu geben. Und sein Erfolg war nachhaltig. Ende 2008, lange, nachdem er seine Amtszeit beendet hatte, boomte das Geschäft, die Kassen waren prall gefüllt. Dass der Konzern die Krise nicht nur überstand, sondern gestärkt aus ihr hervorging, das ist der Verdienst von Dormanns Entschlossenheit. Er hat die fehlenden Bindeglieder etabliert, die die erfolgreiche Vergangenheit der frühen Jahre seines Unternehmens mit einer nicht minder erfolgreichen Zukunft verknüpften: eine neue Führungsstruktur, die Konzentration auf erfolgreiche Kerngeschäfte, eine Verschlankung und Harmonisierung der internen Verwaltung.

Wir bezeichnen diese Bindeglieder, solange sie in einem Unternehmen *nicht* vorhanden sind, als *Missing Links* – als fehlende Verbindungsstücke zwischen zwei Entwicklungsstufen eines Unternehmens – der aktuellen und derjenigen, die es aus strategischen Erwägungen für die Zukunft anstrebt.

Missing Links sind die Schlüssel zur Veränderung. Wer sie nicht kennt und überwindet, kann die Verbindung zwischen dem Status quo seines Unternehmens und den verfolgten strategischen Zielen nicht herstellen – seien die strategischen Ziele auch noch so sorgsam formuliert.

Strategie und Evolution: Darwins Bulldogge

Geprägt wurde der Begriff des Missing Link in der Evolutionsbiologie. Der britische Naturforscher Charles Darwin hatte die These aufgestellt, dass es bei der Entstehung neuer Arten Übergangsformen geben müsse, die sowohl Merkmale der alten, aber auch schon Merkmale der neuen Spezies besitzen. 1859, als Darwin seine Theorie erstmals in Buchform veröffentlichte, hatte man noch keine fossilen Belege für solche Übergangsformen gefunden, sodass man sie als fehlende Glieder, eben als Missing Links, bezeichnete. Anfänglich wurden sie häufig als Gegenargument zu Darwins Theorie aufgefasst, als Beleg dafür, dass diese Theorie offensichtliche Lücken besäße. Letztendlich sollten sie sich jedoch zu einer wahren Erfolgsgeschichte entwickeln. Durch weit über 1 000 ehemalige Missing Links, die bis heute entdeckt wurden, hat sich Darwins Evolutionstheorie auf überzeugende Weise bewährt.

Einer der wohl spektakulärsten Funde eines Missing Link war die Entdeckung des Urvogels Archäopteryx, nur wenige Jahre, nachdem Darwin seine Thesen veröffentlicht hatte. Mit imposanten Zahnreihen in Ober- und Unterkiefer, einem bunten Federkleid und einem flügelähnlichen Armskelett, das an seinen Enden allerdings noch mit Klauen versehen war, vereint er typische Merkmale eines Reptils mit denen eines Vogels. Heute gilt der Archäopteryx als Musterbeispiel einer tief greifenden „Bauplanmodifikation" – einer evolutionsbiologischen Veränderung, die eine so große Umstellung in der Lebensweise ermöglichte, dass sich die aus ihr hervorgegangene Abstammungslinie der Vögel explosionsartig entwickelte.

Als Vater des Terminus Missing Link gilt der streitbare britische Biologe Thomas Henry Huxley, einer der ersten namhaften Anhänger von Darwins Theorie, der diese bei jeder Gelegenheit mit großer Leidenschaft propagierte. Mit wortgewandten Essays und einfallsreichen Anekdoten warb er unermüdlich für Darwins Ideen, was ihm den Beinamen „Darwins Bulldogge" einbrachte. Um die Debatte, die rund um die Evolutionstheorie entstand, nicht nur im elitären Kreis der wissenschaftlichen Gemeinde zu halten, verpackte er ihre Grundgedanken unter anderem in kleine Dialoggeschichten, die er in einer Sprache verfasste, die auch den einfachen Menschen seiner Epoche zugänglich war.

Huxley erlangte mit seinen Arbeiten großen Einfluss. Noch immer gilt er als einer der größten Stilisten der englischen Sprache. So löste etwa sein bekanntestes und nach der Veröffentlichung im Jahr 1863 heftig umstrittenes Buch *Evidence as to Man's Place in Nature* den beliebten Gesellschaftsstreit aus, ob der Mensch vom Affen abstamme oder nicht. 1869 begründete er gemeinsam mit anderen Anhängern der darwinschen Lehre die heute noch hoch angesehene Fachzeitschrift *Nature*.

Auch Huxleys Begriff des Missing Link hat in der Evolutionswissenschaft mittlerweile seinen festen Platz: Als Missing Links gelten bislang nicht entdeckte biologische Übergangsformen, die sowohl Merkmale von stammesgeschichtlich älteren als auch von stammesgeschichtlich jüngeren Organismen in sich vereinen. Wird ein Missing Link entdeckt, bezeichnet man ihn – als nun bekannte Übergangsform in der Entwicklung von einer Spezies zur nächsten – als Connecting Link.

Analog hierzu verstehen wir im Kontext der Unternehmensführung unter einem Missing Link ein fehlendes Verbindungsstück zwischen zwei strategischen Entwicklungsstufen eines Unternehmens – der gegenwärtigen und der für die Zukunft angestrebten –, die durch eine potenzielle Transformation miteinander verbunden sind. Wir sprechen von einer *potenziellen* Transformation, weil sich diese nicht automatisch vollzieht, sondern nur dann, wenn die fehlenden Bindeglieder aktiv etabliert werden. Die strategische Weiterentwicklung eines Unternehmens entspricht somit – in anderen Worten – einer zielgerichteten Transformation von Missing Links zu Connecting Links.

Anders als in der Evolutionstheorie nehmen Missing Links im strategischen Kontext nicht Bezug auf vergangene, sondern auf zukünftige Entwicklungen. Zwar mögen sich auch Evolutionsbiologen zuweilen mit Fragestellungen auseinandersetzen, die in die Zukunft gerichtet sind – etwa, ob das Flusspferd eine Übergangsform zwischen einem ausschließlich an Land lebenden und einem dereinst nur noch im Wasser beheimateten Tier sein mag –, jedoch bleiben diese Fragen eher theoretischer Natur. Das eigentliche Wesen des evolutionsbiologischen Missing Link liegt in der Rückschau.[3] Im Rahmen der strategischen Unternehmensplanung hingegen liegt der Referenzpunkt eines Missing Link immer in der Zukunft. Er wird durch die strategischen Ziele bestimmt, die sich ein Unternehmen setzt – in der Regel für einen Zeitraum von drei bis fünf Jahren. Auf vergangene Transformationen wird indessen nur zu einem Zweck

Bezug genommen: um aus ihrem Verlauf zu lernen und nützliche Erkenntnisse für bevorstehende Übergänge zu gewinnen.[4]

Fit für die Zukunft: die schöne neue Welt

Die Idee der Missing Links ist nicht der erste Gedankengang aus Darwins Theorie, der im strategischen Kontext auf zukünftige Entwicklungen übertragen wurde. Auch andere Theoriekomponenten haben es in der Vergangenheit zu strategischem Ruhm gebracht, allen voran das Prinzip des „Survival of the Fittest". Tatsächlich wurde auch dieser Begriff ursprünglich nicht von Darwin selbst geprägt, sondern von dem britischen Sozialphilosophen Herbert Spencer. Darwin übernahm ihn in einer späteren Auflage seines Buches als Synonym für den von ihm verwendeten Terminus der „natürlichen Selektion" – einen fundamentalen Prozess, der dazu führt, dass im Verlauf der Evolution nur diejenigen Spezies überleben, die der Umwelt adäquat angepasst sind. Ihre Fitness beschreibt dabei nicht ihre körperliche Stärke, nicht ihre Durchsetzungskraft im Sinne einer gewaltsamen Verdrängung ihrer Konkurrenz, sondern einzig den Grad ihrer Anpassung.

In der Evolution vollzieht sich die Anpassung an die Umwelt nicht als geplanter Prozess, sie lässt sich lediglich rückblickend als solche beobachten. Wenn sich die Umweltbedingungen verändert haben, konnten diejenigen Arten überleben, die das Glück hatten, genau die Eigenschaften zu besitzen, die zu den neuen Gegebenheiten kompatibel waren. So haben zum Beispiel Enten ihre Schwimmhäute nicht durch ihre ständigen Versuche des Paddelns erworben – eine heute eher amüsant anmutende Argumentation, die jedoch von den Anhängern Jean-Baptiste de Lamarcks lange Zeit als Gegenthese zu Darwins Theorie vertreten wurde –, sondern durch einen Selektionsprozess, bei dem Enten mit etwas Haut zwischen den Zehen anderen Enten ohne solche Häute im natürlichen Wettbewerb überlegen waren.

Die Evolutionsgeschichte zeigt also, dass in der Historie der Natur nur die fittesten Arten überlebt haben. Die strategische Planung hat diesen Gedanken aufgegriffen, auf Unternehmen übertragen, in die Zukunft fortgeschrieben und zu ihrem Credo gemacht: Stelle dich immer wieder auf neue Situationen ein, passe dich immer wieder aufs Neue an, denn deine Umwelt befindet sich in einem steten Wandel. Nur jene Unternehmen werden überleben, die die Richtung dieses Wandels frühzeitig erkennen und ihm bestmöglich vorauseilen.

Der Grundgedanke einer so verstandenen Unternehmensführung entspricht gewissermaßen einer aktiven Gestaltung der eigenen zukünftigen Evolution. Hierzu ist es unabdingbar, ein möglichst anschauliches, akkurates Bild von der Zukunft zu entwerfen, für die man sein Unternehmen „fit" machen will. Nicht immer muss dieses Bild so düster sein, wie es etwa der Enkel des Missing-Link-Erfinders, der Schriftsteller Aldous Huxley, in seinem berühmten Roman *Brave New World* gezeichnet hat. Vielmehr muss man den möglichen Schattenseiten – den Risiken, die es abzuwenden gilt – auch die sich abzeichnenden Chancen gegenüberstellen, die man in der „schönen neuen Welt" zu nutzen gedenkt.[5] Das hieraus abgeleitete Zukunftsbild, das die Gegebenheiten beschreibt, an die das eigene Unternehmen angepasst werden muss, bildet die Basis für die Definition seiner nächsten strategischen Entwicklungsstufe.

Die Frage, die sich unmittelbar stellt, liegt auf der Hand: Wie kann es gelingen, das eigene Unternehmen aus seiner aktuellen Position heraus in diese nächste Entwicklungsstufe zu führen? Zu ihrer Beantwortung ist eine intensive Beschäftigung mit der Gegenwart unerlässlich – mit der eigenen und mit der der Konkurrenz. Denn erst dann, wenn man die aktuellen Konstellationen ebenso gut kennt wie das angestrebte Ziel, lassen sich die fehlenden Bindeglieder identifizieren – die Missing Links, die überwunden werden müssen, um den Übergang zur nächsten Entwicklungsstufe des eigenen Unternehmens erfolgreich zu meistern.

Wir plädieren dafür, die Zukunft und die Ziele, die Gegenwart und die Überwindung der Missing Links grundsätzlich als Einheit zu betrachten, denn letztendlich sind sie untrennbar miteinander verbunden. In der Praxis, das wissen wir nur allzu gut, wird dem häufig nicht Rechnung getragen. Eine Untersuchung führender Konzerne und großer mittelständischer Unternehmen hat in diesem Zusammenhang unlängst alarmierende Ergebnisse zutage gefördert: Immerhin 96 von 100 Unternehmen besitzen ein fest umrissenes Ziel für ihre absehbare Zukunft. 84 haben eine konkrete Strategie, die aufzeigt, wie man sich für dieses Ziel zu positionieren gedenkt. Die Verantwortlichkeiten hingegen, um in die betreffende Position zu gelangen, sind lediglich in 52 der Unternehmen klar geregelt. Und nur in 39 Firmen wurden die verantwortlichen Führungskräfte mit den Befugnissen und Ressourcen ausgestattet, die erforderlich sind, um die verfolgte Strategie erfolgreich zu implementieren. Gerade einmal 26 der Verantwortlichen geben schließlich an, zu wissen, wie sie mithilfe der bereitgestellten Ressourcen die verfolgte Strategie so umsetzen können, dass sie das gesteckte Ziel letzten Endes tatsächlich erreichen.[6]

Nur 26 von 100 Unternehmen – eine bedenkliche Zahl. Auch wenn die zugrunde liegende Untersuchung im strengen statistischen Sinne nicht repräsentativ sein mag, so macht sie doch auf anschauliche Weise bewusst, dass in der Praxis der „vordere Teil" der strategischen Kette – das Ziel und die angestrebte Position – in den meisten Firmen losgelöst von der späteren Umsetzung, vom Aufspüren und Überwinden der Missing Links betrachtet wird. Wir heben diesen Umstand ganz bewusst hervor, denn wir halten ihn für einen großen Fehler. Doch auch – und gerade – für Unternehmen, die ihre strategische Planung für die Zukunft bereits fixiert haben und nun bei der Umsetzung auf Widerstände und Barrieren stoßen, ist es von zentraler Bedeutung, so früh wie möglich die Missing Links zu identifizieren, um den strategischen Transformationsprozess zu einem erfolgreichen Abschluss zu führen.

Erschwert – aber nicht unmöglich – wird das nachträgliche Aufdecken der Missing Links durch einen auf den ersten Blick fast trivial anmutenden Umstand: Sie können überall im Unternehmen verborgen sein. Es gibt keinen Bereich, der von einer Prüfung ausgenommen werden kann. Im Gegenteil, oft sind es gerade diejenigen Bereiche, die wie selbstverständlich als gut gerüstet für die Zukunft gelten, in denen fundamentale Probleme entstehen – weil Realitäten bisweilen falsch eingeschätzt werden, sofern man sie nicht explizit infrage stellt.

Der bekannte Schweizer Managementautor Fredmund Malik hat in diesem Zusammenhang zu Recht darauf hingewiesen, dass man gerade die bedeutenden Probleme anfänglich fast nie eindeutig erfassen kann. In vielen Fällen trifft man lediglich auf unscharfe Anhaltspunkte – und sei es nur, dass man weiß, dass es so wie bisher nicht weitergehen kann. Das Erkennen der Realität und damit des „tatsächlichen" Problems ist in der Praxis ein weit schwierigeres Phänomen als vielfach angenommen. Denn die Begabung des Menschen, im Geiste unterschiedliche Wirklichkeiten zu konstruieren, die in sich logisch schlüssig sind, führt dazu, dass überall dort, wo Realität gestaltungsfähig ist, wo für die Mitarbeiter eines Unternehmens das real ist, was sie für real halten, die Fähigkeit des Managements von entscheidender Bedeutung ist, zuordnen zu können, welche Prämissen zu welchen wahrgenommenen Problemen führen – um Trugschlüsse als solche zu erkennen. Denn ein Problem ist niemals unabhängig von den Personen, die es definieren; ein Problem als solches gibt es nicht. Erst wenn eine Person in einer bestimmten Situation vor dem Hintergrund ihrer individuellen Ziele einen subjektiven Handlungsdruck verspürt, erst dann wird diese Situation zu *ihrem* Problem.

Halten wir also fest: Barrieren und Widerstände bei der Umsetzung einer noch so gut durchdachten Strategie können im Grunde überall entstehen, Missing Links überall im Unternehmen verborgen sein. Sie aufzuspüren, zumal im Nachhinein, ist kein leichtes Unterfangen. In den folgenden Abschnitten wollen wir Ihnen eine Methodik vorstellen, die es Ihnen ermöglicht, die Missing Links in Ihrem Unternehmen zu identifizieren und zu überwinden. Wir haben bereits mehrfach darauf hingewiesen, dass wir eine integrierte Betrachtung der Entwicklung einer Strategie und ihrer Umsetzung als einen entscheidenden Erfolgsfaktor ansehen. Aus diesem Grund haben wir

- den Blick in die Zukunft,
- das Festlegen der eigenen Position in dieser Zukunft,
- den Abgleich mit der aktuellen Situation,
- das Auffinden der Missing Links und
- ihre letztendliche Überwindung

als methodische Einheit konzipiert. Gleichwohl wollen wir nochmals darauf hinweisen, dass auch Unternehmen, die bei der Umsetzung einer bereits formulierten Strategie an ihre Grenzen stoßen, die betreffenden Komponenten unserer Methodik nutzbringend einsetzen können, um „ihre“ Missing Links aufzuspüren und in Connecting Links zu transformieren.

Die Methodik

Die methodischen Grundlagen des Missing-Link-Prinzips sind aus einer globalen Forschungsarbeit hervorgegangen, deren Ursprünge bis in das Jahr 2004 zurückreichen. Damals wurden die ersten Ergebnisse einer von der Beratungssparte des IBM-Konzerns aufgelegten Studie vorgestellt, die die Erfahrungen und Erwartungen von Vorstandschefs aus aller Welt konsolidierte, um daraus Erkenntnisse für die zukünftige Entwicklung der globalen Wirtschaft abzuleiten. Nach und nach wurde diese Forschungsarbeit zur weltweit größten Studie ihrer Art ausgebaut. In der dritten Erhebungsrunde im Jahr 2008 bezogen mehr als 1 100 Vorstandsvorsitzende aus 40 Ländern und 32 Branchen in persönlichen Interviews detailliert Stellung zu ihren aktuellen Herausforderungen. Die gewonnenen Einblicke wurden mit statistischen und finanztechnischen Analysen hinterlegt, um so die wesentlichen Charakteristika herauszuarbeiten, die ein Unternehmen in Zukunft aufweisen muss, um auf den Märkten von morgen erfolgreich zu agieren.[7]

Auf der Grundlage dieser Charakteristika haben wir detaillierte Evolutionspfade aufgestellt, die einen zentralen Baustein der Missing-Link-Methodik bilden. Die Methodik selbst, über die wir Ihnen in diesem Kapitel einen ersten Überblick geben wollen, lässt sich anhand von drei Fragen anschaulich beschreiben: Wie wird die Welt in Zukunft aussehen? Was wäre die optimale Position für das eigene Unternehmen in dieser zukünftigen Welt? Und schließlich: Was muss heute bereits getan werden, um das Unternehmen aus seinem aktuellen Geschäft heraus in diese Position zu führen?

Die Beantwortung dieser Fragen ist nicht trivial. Man muss ein möglichst realistisches Bild der Zukunft entwickeln, seine eigene Position in dieser Zukunft finden, die gegenwärtige Lage seines Unternehmens und die seiner Wettbewerber kennen, man muss die Missing Links identifizieren, die es zu überwinden gilt, und man muss den Weg und die Mittel festlegen, die geeignet sind, um die Missing Links erfolgreich in Connecting Links zu transformieren.

Bei all diesen Aktivitäten ist es von zentraler Bedeutung, einen stabilen Referenzpunkt zu besitzen, an dem sich sämtliche Transformationen ausrichten. In der Seefahrt kennt man einen solchen Referenzpunkt als „True North", als wahren Norden, der auch dann den richtigen Weg weist, wenn sich die akuten Bedingungen verändern. Anders als etwa der von einem Kompass angezeigte magnetische Nordpol, der in Abhängigkeit der eigenen Position vom geografischen Pol abweichen kann, führt der wahre Norden den Navigator niemals in die Irre. Analog hierzu benötigen Unternehmen einen akkuraten Fixpunkt, eine zentrale Vision, an der sich das Management orientiert, auch dann, wenn sich die äußeren Umstände ändern. Dieser Fixpunkt bildet das Leitbild der weiteren strategischen Evolution und gibt die Schritte vor, die ein Unternehmen gehen muss, um seine nächste Entwicklungsstufe zu erreichen.

In der Missing-Link-Methodik nutzen wir ein Referenzmodell als Fixpunkt, das im Rahmen der oben angeführten Forschungsarbeiten entwickelt wurde und das sich in zahlreichen Transformationsprozessen in der Praxis erfolgreich bewährt hat. Es beschreibt, welche Eigenschaften und Fähigkeiten Unternehmen in Zukunft aufweisen müssen, um ihren wirtschaftlichen Erfolg zu sichern. Das Modell gibt uns einen Maßstab an die Hand, mit dessen Hilfe wir den aktuellen Entwicklungsstand eines Unternehmens bewerten und den zukünftigen Verlauf seiner Evolution abbilden können. Wir bezeichnen dieses Referenzmodell als *Unternehmen der Zukunft*. Es bildet die Basis für die Navigation durch den ökonomischen Evolutionsprozess im Sinne eines strategischen „True North".

Das Unternehmen der Zukunft

Auf dem Jahrmarkt und in Vergnügungsparks konnte man früher neben Schiffsschaukeln, Spiegelkabinett und Schießbuden meist auch einen Holzkasten finden, aus dem ein orientalischer Oberleib hervorschaute. Warf man eine Münze in den Apparat, erhielt man von der üblicherweise mit einem Turban bekleideten Büste ein kleines Pappkärtchen, auf dem die Zukunft geweissagt wurde. Egal ob jung oder alt, ob arm oder reich – kaum jemand konnte der Versuchung widerstehen, für sich und seine Begleitung eines dieser Kärtchen zu ziehen. „Wir blicken so gern in die Zukunft", bemerkte schon Johann Wolfgang von Goethe in seinen *Wahlverwandtschaften*, „weil wir das Ungefähre, was sich in ihr hin und her bewegt, durch stille Wünsche so gern zu unsern Gunsten heranleiten möchten." Auch im Management sind diese stillen Wünsche fraglos ein gewichtiger Motivator für die Beschäftigung mit der Zukunft – gleichwohl können sie kaum genügen, um diese im eigenen Sinne zu beeinflussen. Um das Ungefähre, wie Goethe es nennt, ökonomisch fassbar und gestaltbar zu machen, muss man den Wandel der Gesellschaft und der Märkte analysieren, um daraus Schlüsse für die zukünftige Entwicklung des eigenen Geschäfts zu ziehen.

Die Geschichte lehrt uns jedoch: „Prognosen sind schwierig, besonders wenn sie die Zukunft betreffen." Das beliebte Bonmot, das die Deutschen gerne dem Kabarettisten Karl Valentin zuschreiben, die Amerikaner dem Schriftsteller Mark Twain und die Briten ihrem wortgewandten Premierminister Winston

Churchill, dieses Bonmot hat sich – wer auch immer sein wahrer Urheber gewesen sein mag – in der Vergangenheit immer wieder bewahrheitet. Einige missglückte Prognosen haben es heute, in der Rückschau betrachtet, gar zu einer gewissen Berühmtheit gebracht. „Ich denke, es gibt weltweit einen Markt für vielleicht fünf Computer", irrte etwa Thomas Watson, der Vorsitzende von IBM, als er 1943 in die Zukunft blickte. Schlecht beraten wurde auch Horace Rackham, der Anwalt des Autopioniers Henry Ford, als er 1903 5 000 Dollar in die Firma seines Klienten investieren wollte. Mit den Worten: „Das Pferd wird bleiben, das Automobil ist nur eine Modeerscheinung", riet ihm der damalige Präsident der Michigan Savings Bank von einer Beteiligung ab. Rackham investierte trotzdem, und nur wenige Jahre später war seine Einlage 12,5 Millionen Dollar wert. Nicht nur die Zukunft des Automobils wurde damals falsch eingeschätzt, auch der Flugpionier Wilbur Wright musste einen prominenten Irrtum eingestehen: „Ich habe meinem Bruder Orville 1901 geschworen, dass innerhalb der nächsten 50 Jahre kein Mensch fliegen würde. Ich musste mich korrigieren und misstraue seither allen Vorhersagen." Am konsequentesten in seinem Fehlurteil war jedoch Charles Duell. Der Vorsitzende des amerikanischen Patentamtes gab bereits 1899 zu Protokoll: „Es gibt nichts Neues mehr. Alles, was man erfinden kann, ist schon erfunden worden."

Diese Einschätzung wird heute vermutlich niemand mehr teilen. Tagtäglich sind wir mit immer neuen Entwicklungen konfrontiert. Die Welt schreitet immer rasanter voran, die Zukunft kommt immer schneller auf uns zu. Galt im Management der 80er-Jahre ein Planungshorizont von zehn Jahren noch als selbstverständlich, haben sich viele Unternehmen heute auf strategische Zyklen von fünf, manchmal gar nur noch von zwei Jahren eingestellt. Es ist keine Frage: Wir leben in exponentiellen Zeiten. Immer mehr Informationen entstehen, werden verbreitet – und wieder vergessen. Wie schnelllebig sich unser Umgang mit der Aufnahme und Weitergabe von Informationen heute gestaltet, macht ein einfacher Gedankengang deutlich: Während Sie diesen Absatz lesen, werden auf der ganzen Welt rund zwei Millionen Kurznachrichten per Handy verschickt und empfangen. Über den gesamten Tag hinweg wird die Anzahl der eingehenden und ausgehenden Mitteilungen die Bevölkerungszahl der Erde übersteigen. Man mag einwenden, dass diese Nachrichten ohnehin einen vergänglichen Charakter besitzen. Doch nicht nur Informationen, die, wie eine SMS, von vornherein nur für den Moment gedacht sind, nehmen mit immer größerer Geschwindigkeit zu. Auch die Ausbreitung dauerhafter Informationsträger steigt rapide an. So werden zum Beispiel täglich rund 3 000 Romane, Sach- und Fachbücher publiziert. Ihre Autoren können, sofern sie sich der englischen Sprache bedienen, auf etwa 540 000 Wörter zurückgreifen – das sind mehr als fünfmal so viele wie zu den Zeiten von Shakespeare. Und wer sämtliche Ausgaben einer Woche der *New York Times* aufmerksam liest, der hat, so schätzt man, mehr Informationen aufgenommen, als sie einem Menschen im 18. Jahrhundert im Laufe seines gesamten Lebens begegnet sind.[8]

Nicht nur das Angebot täglich neuer Informationen nimmt in rasantem Tempo zu, auch die Nachfrage nach Daten, Fakten und Geschichten hat ein völlig neues Ausmaß erreicht. Mehr als 37 Milliarden Suchanfragen werden Monat für Monat allein vom Internetsuchdienst Google bearbeitet. 61 Milliarden sind es, wenn man alle Suchmaschinen zusammennimmt.[9] An wen, mag man sich angesichts dieser Wissbegierde nur wundern, wurden diese Fragen wohl gerichtet, bevor es Google gab?

Technologien wie eine Suchmaschine lagen noch vor einigen Jahrzehnten außerhalb unseres Vorstellungsvermögens. Heute bestimmen sie wie selbstverständlich unseren Alltag. „Die Zukunft soll man nicht voraussehen wollen“, schrieb einst der französische Kultautor Antoine de Saint-Exupéry, „man soll sie möglich machen." Ganz in diesem Sinne möchten wir den folgenden Ausführungen eine Vorbemerkung voranstellen, die uns angesichts der sehr weitreichenden Versprechungen, die in der modernen Managementliteratur bisweilen gemacht werden, angeraten erscheint: Wir wissen nicht, wie die Zukunft aussehen wird – nicht unsere eigene und noch weniger die unserer Leser. Es ist nicht unser Ziel und wir sind auch nicht dazu in der Lage, eine entsprechende Voraussage zu wagen. Gleichwohl verfügen wir über ein Instrumentarium, das es jedem Unternehmen ermöglicht, sich systematisch und vorurteilsfrei mit der eigenen, ganz individuellen Zukunft auseinanderzusetzen. Eine solche, individuelle Vorgehensweise ist aus unserer Sicht unabdingbar, denn jedes Unternehmen und jede Organisation ist ein einzigartiges, komplexes Gebilde, das auf einer ganz spezifischen Verbindung von unterschiedlichen Strategien, Fähigkeiten, Strukturen, Ressourcen, Menschen und Kulturen basiert. Die Beschäftigung mit seiner Zukunft kann daher nur auf einer individuellen, maßgeschneiderten Analyse beruhen, die diesen Besonderheiten angemessen Rechnung trägt.

Wenn wir im Folgenden auf ein vorstrukturiertes methodisches Instrumentarium zurückgreifen, dann nicht, um eine bestimmte „Standardlösung" zu propagieren, sondern – im Gegenteil – um unseren Lesern ein Hilfsmittel an die Hand zu geben, das es ihnen ermöglicht, trotz aller Unterschiede und Besonderheiten auf systematische Art und Weise zu einer auf ihre spezifischen Bedürfnisse abgestimmten Lösung zu gelangen.[10] So ist auch die im letzten Abschnitt gewählte Analogie der Navigation nicht in dem Sinne zu verstehen, dass wir unseren Lesern anhand exakter Koordinaten eine optimale zukünftige Position vorgeben wollen. Vielmehr geht es uns darum – um im bisherigen Bild zu bleiben –, dem Leser eine Karte an die Hand zu geben, die ihm aufzeigt, in welche Richtung er in See stechen muss, wo auf seinem Weg die Tiefen und Untiefen liegen und welchen Eigenschaften des Unternehmens der Zukunft er die größte Aufmerksamkeit beimessen sollte.

Die exakte zukünftige Position seines Unternehmens, die Koordinaten seines strategischen Evolutionsprofils, diese Koordinaten kann der Leser nur selbst bestimmen – vor dem Hintergrund seiner spezifischen Rahmenbedingungen, mithilfe der Tools und Instrumente, die wir in diesem Buch beschreiben. Die Grundlage hierfür bilden das Wissen und die Erfahrung von mehr als 1 100 Vorständen aus aller Welt. Ihre Erkenntnisse wurden in aufwendigen ökonomischen Analysen zu einem Profil verdichtet, das wir unserer Missing-Link-Methodik als Maßstab und Modell zur Analyse der entscheidenden zukünftigen strategischen Evolutionspfade zugrunde legen.

Mit einer bemerkenswerten Übereinstimmung für alle betrachteten Branchen, Regionen und Unternehmensgrößen haben sich dabei fünf Dimensionen herauskristallisiert, anhand derer sowohl die aktuelle Evolutionsstufe, die ein Unternehmen bis dato erreicht hat, als auch der zukünftige Evolutionsverlauf bestimmt werden kann (siehe Abb. 1):

- der Umgang mit Veränderungen,
- die Fähigkeit zur Innovation,
- die globale Agilität,
- die Flexibilität des Geschäftsmodells und
- das gesellschaftliche Engagement.

Wir bezeichnen diese Faktoren auch als „Evolutionstreiber“, denn es sind die treibenden Kräfte, die die künftige Entwicklung eines Unternehmens und die der globalen Wirtschaft insgesamt maßgeblich bestimmen werden. Zugleich sind es die fünf entscheidenden Dimensionen der strategischen Evolution, entlang derer sich verschiedene, aufeinanderfolgende Entwicklungsstufen abgren-

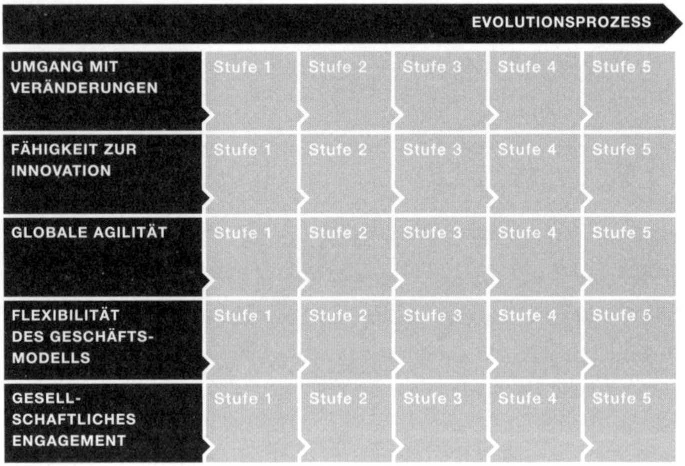

Abb. 1: Die fünf Dimensionen der Evolution

zen lassen. In ihren Endpunkten beschreiben sie das Eigenschaftsprofil, das das Unternehmen der Zukunft besitzen muss, um einen überproportionalen finanziellen Erfolg zu erwirtschaften:

Das Unternehmen der Zukunft ist ...

... fokussiert auf den Wandel

Es ist in der Lage, sich schnell und erfolgreich zu verändern. Anstatt auf Trends lediglich zu reagieren, gestaltet es diese aktiv mit und setzt sich an ihre Spitze. Markt- und Branchenveränderungen werden als Chance gesehen, um sich von der Konkurrenz abzusetzen.

... innovativer als von den Kunden erwartet

Das Unternehmen der Zukunft übertrifft die Erwartungen seiner immer anspruchsvolleren Kunden. Dank intensiver, interaktiver Kundenbeziehungen kann es seine Kunden mit Innovationen überraschen, die sowohl den Kunden als auch dem Unternehmen selbst zu nachhaltigem Erfolg verhelfen.

... global integriert

Das Unternehmen der Zukunft setzt auf Integration, um sich die Chancen der globalen Wirtschaft zunutze zu machen. Es ist darauf ausgelegt, Zugang zu den besten Fähigkeiten, dem neuesten Wissen und den besten Ressourcen zu erhalten, ganz gleich, wo diese sich befinden, und sie dort einzusetzen, wo sie strategisch benötigt werden.

... von Natur aus revolutionär

Das Unternehmen der Zukunft stellt sein Geschäftsmodell radikal infrage und rekonstruiert die Grundlagen des Wettbewerbs. Es verändert seinen Wertbeitrag, hinterfragt traditionelle Leistungen und erfindet sich und seine gesamte Branche neu, sobald sich die Gelegenheit dazu bietet.

... gesellschaftlich engagiert, nicht nur regelkonform

Das Unternehmen der Zukunft geht über bloße Philanthropie und die Einhaltung von Regeln und Gesetzen hinaus. Es beweist mit allen Maßnahmen und Entscheidungen echtes Engagement für die Gesellschaft.

Manche Unternehmen weisen bereits heute einige dieser Eigenschaften auf, doch nur wenige vereinen sie alle. Auch ein Unternehmen, das sich in einer oder in mehreren Dimensionen noch auf einer frühen Evolutionsstufe befindet, kann in seinem Geschäft indes durchaus erfolgreich sein – dann nämlich, wenn der Evolutionsprozess in seiner Branche oder in seinem speziellen Segment insgesamt noch nicht weit fortgeschritten ist. Unsere Forschungsarbeiten zeigen jedoch, dass sich letzten Endes jedes Unternehmen zu einem Unternehmen der Zukunft weiterentwickeln muss, dass es also in allen fünf Dimensionen die höchste Stufe der Evolution, das „rechte Ende“ des Prozesses erreichen muss, um die wirtschaftlichen und gesellschaftlichen Herausforderungen zu meistern, die in den nächsten Jahren unweigerlich auf uns zukommen werden.

Das gilt auch für solche Eigenschaften, denen auf den ersten Blick eine geringere Bedeutung beigemessen werden mag – etwa die globale Ausrichtung eines Unternehmens, das ein rein regionales Geschäft betreibt. Auch ein solches Unternehmen mit einem geografisch klar abgegrenzten Markt muss sich früher oder später im globalen Wettbewerb behaupten: auf seinen Absatzmärkten, wenn neue Wettbewerber ihre bis dahin ebenfalls lokalen Aktivitäten geografisch in das eigene Territorium ausdehnen, und auf seinen Beschaffungsmärkten, wenn Öl, Gas und andere Rohstoffe plötzlich knapp und teuer werden, weil völlig fremde Industrien in fernen Ländern ihre Nachfrage exponentiell ausweiten. Auch für die Arbeitskräfte lokaler Unternehmen gilt dieser globale Mechanismus. So waren etwa im Frühjahr 2007 zahlreiche Landwirte aus Niedersachsen händeringend auf der Suche nach Helfern für die Spargelernte. Ihre traditionellen Arbeitskräfte aus Polen hatten sich anderen Möglichkeiten zugewandt: „Viele von ihnen sind nicht mehr bereit, zum Spargelstechen nach Deutschland zu kommen", sagte damals Dietrich Paul, der Vorsitzende des niedersächsischen Spargelverbandes. „Sie gehen in andere Länder, wo sie länger befristete und besser bezahlte Arbeit bekommen." Und so hatten etliche Bauern große Mühe, den Spargel rechtzeitig zu ernten.[11]

Der Umgang mit Veränderungen, die Fähigkeit zur Innovation, die globale Agilität, die Flexibilität des Geschäftsmodells, das gesellschaftliche Engagement – kein Unternehmen wird es sich in Zukunft leisten können, auch nur eine dieser Dimensionen außer Acht zu lassen. Das bedeutet indes nicht, dass jedes Unternehmen danach streben muss, in allen Dimensionen direkt die höchstmögliche Evolutionsstufe zu erreichen. Auch wenn dies langfristig das „große Ziel“ sein muss, so ist es doch für viele Unternehmen gar nicht möglich – und auch nicht erforderlich –, dieses Ziel in einem Schritt zu erreichen. Ihre Evolution ist ein einzigartiger, individueller Prozess. Wie weit man auf den Stufen der einzelnen Dimensionen im Planungszeitraum jeweils voranschreiten muss, das ergibt sich aus der spezifischen Situation der Märkte, auf denen ein Unternehmen tätig ist. Ein zu hoch gestecktes Ziel kann dabei auch aus psychologischer Sicht kontraproduktiv wirken. Ziele müssen erreichbar sein. Die Stufen der fünf Dimensionen können in dieser Hinsicht dazu beitragen, „ein großes Ziel klein zu machen“, indem man sich nicht auf einen fernen Punkt konzentriert, der unerreichbar scheint und mit dem man sich kaum identifizieren kann, sondern auf den nächsten, nachvollziehbaren Schritt.

Um die nächste strategische Evolutionsstufe zu bestimmen, die es für ein Unternehmen in seinem ganz spezifischen Kontext zu erreichen gilt, und um die Missing Links zwischen der aktuellen und dieser angestrebten Evolutionsstufe zu überwinden, haben wir in den letzten Jahren ein umfangreiches Instrumentarium entwickelt, das sich in zahlreichen Transformationsprozessen in der Praxis bewährt hat. Es schließt eine zentrale Lücke in der Methodik der strategischen Unternehmensplanung, die bis heute zwar eine beeindruckende Palette an Tools und Formaten hervorgebracht hat, um Märkte zu analysieren und Strategien für diese Märkte zu entwerfen – etwa die Analyse der fünf Wettbewerbskräfte einer Branche oder die drei generischen Wettbewerbsstrategien der Differenzierung, der Kostenführerschaft und der Konzentration auf Marktnischen –, die aber so gut wie keine praktikablen Tools bereitstellt, um diese Analysen und Strategien auf die aktuelle Situation eines Unternehmens herunterzubrechen und um das Unternehmen aus dieser Situation heraus systematisch in die angestrebte Position zu führen. Stattdessen werden die verantwortlichen Führungskräfte aufgerufen, mutig voranzugehen, unternehmerisch zu denken, aus Misserfolgen zu lernen und ihre Mannschaft mithilfe von Seminaren, Schulungen und Workshops auf das gesteckte Ziel einzuschwören.

All dies mag eine gewisse mentale Basis dafür schaffen, dass die erforderlichen Veränderungen grundsätzlich akzeptiert werden. Es kann jedoch ein analytisches Instrumentarium zur Navigation aus der aktuellen Position heraus in die nächste strategische Evolutionsstufe des Unternehmens nicht ersetzen. Solange ein solches Instrumentarium fehlt, kann man von den verantwortlichen Führungskräften nicht erwarten, dass sie sich tatsächlich zielgerichtet aus der bestehenden Position lösen und die Missing Links erfolgreich überwinden.

Tools und Terminologie der Evolution

Die Missing-Link-Methodik gliedert sich in drei Schritte. Drei Schritte, die sich unmittelbar an den wesentlichen Komponenten des dahinterstehenden Prinzips orientieren: der Zukunft, der Gegenwart und den fehlenden Verbindungsstücken. Im ersten Schritt wird die Zukunft betrachtet und das strategische Evolutionsprofil definiert, das es für ein Unternehmen zu erreichen gilt. Dieses Profil bildet die Grundlage für den zweiten Schritt, den Abgleich mit der aktuellen Situation des Unternehmens und der Situation seiner Wettbewerber – also den Abgleich mit der Gegenwart. Hieraus resultieren im dritten Schritt zum einen die Missing Links, die fehlenden Verbindungsstücke zwischen der Zukunft und der Gegenwart, und zum anderen die Dringlichkeit, mit der sie jeweils überwunden werden müssen. Auf dieser Basis werden die konkreten Maßnahmen abgeleitet, die ein Unternehmen ergreifen muss, um die Missing Links in Connecting Links zu transformieren.

Bevor wir die Instrumente und Tools im Einzelnen darstellen, die im Rahmen der Missing-Link-Methodik zum Einsatz kommen, erscheint es angebracht, die wesentlichen Begriffe zu klären, die wir dabei verwenden – die Begriffe Dimension, Evolutionsstufe, Transformation, Evolutionssprung, Evolutionsprofil und Referenzprofil.

Dimensionen der Evolution (Evolutionstreiber)

Der Fortgang der Evolution vollzieht sich streng genommen als ganzheitlicher Prozess. Ein Unternehmen entwickelt sich als organisatorische Einheit von einer niedrigeren Evolutionsebene zu einer höheren. Zu Analysezwecken ist es jedoch hilfreich, unterschiedliche Dimensionen dieses Prozesses zu isolieren und für sich genommen zu betrachten. In der Natur hat sich etwa, um das eingangs angeführte Beispiel des Archäopteryx noch einmal aufzugreifen, der Übergang von Reptilien zu Vögeln entlang mehrerer Dimensionen vollzogen: Die Kieferknochen mussten sich zu einem Schnabel entwickeln, die Vorderbeine zu Flügeln, die Haut zu einem Federkleid. Analog hierzu lassen sich im strategischen Evolutionsprozess die fünf im letzten Abschnitt angeführten Dimensionen unterscheiden: der Umgang mit Veränderungen, die Fähigkeit zur Innovation, die globale Agilität, die Flexibilität des Geschäftsmodells und das gesellschaftliche Engagement.

Evolutionsstufe

Für jede einzelne dieser Dimensionen lassen sich unterschiedliche Stufen bestimmen, die ein Unternehmen im Zeitablauf nach und nach durchschreitet. Diejenige Stufe, die ein Unternehmen innerhalb seines Planungshorizonts anstrebt, bezeichnen wir als strategische, diejenige, die es bis dato erreicht hat, als aktuelle Evolutionsstufe. Die Lücke zwischen beiden kennzeichnet einen Missing Link.

- *Transformation*

  Das Schließen der Lücke zwischen der aktuellen und der strategischen Evolutionsstufe bezeichnen wir als Transformation – als Umwandlung eines Missing Link in einen Connecting Link.

- *Evolutionssprung*

  Sofern sich eine Transformation nicht von einer Evolutionsstufe auf die nächsthöhere vollzieht, sondern eine oder mehrere Stufen überspringt, sprechen wir von einem Evolutionssprung.

- *Evolutionsprofil*

  Aggregiert man die strategischen Evolutionsstufen über alle fünf Dimensionen, erhält man ein auf die Zukunft bezogenes strategisches Evolutionsprofil. Auf die gleiche Weise lässt sich auch das aktuelle Evolutionsprofil eines Unternehmens aufstellen.

- *Referenzprofil*

  Das am weitesten fortgeschrittene Evolutionsprofil, das in allen Dimensionen der jeweils höchstmöglichen von uns betrachteten Evolutionsstufe entspricht, bezeichnen wir als Referenzprofil. Es kennzeichnet genau diejenige Eigenschaftskombination, die wir dem Unternehmen der Zukunft zuschreiben. Alle Transformationen müssen auf diesen Punkt ausgerichtet werden. Das bedeutet jedoch nicht, dass er für jedes Unternehmen das unmittelbare strategische Ziel darstellt – das Evolutionsprofil also, das es mit den nächsten Transformationen quasi „in einem Schritt" zu erreichen gilt. Manche Unternehmen werden vielmehr einige Zwischenstufen durchlaufen, bis sie sich dem Referenzprofil gänzlich

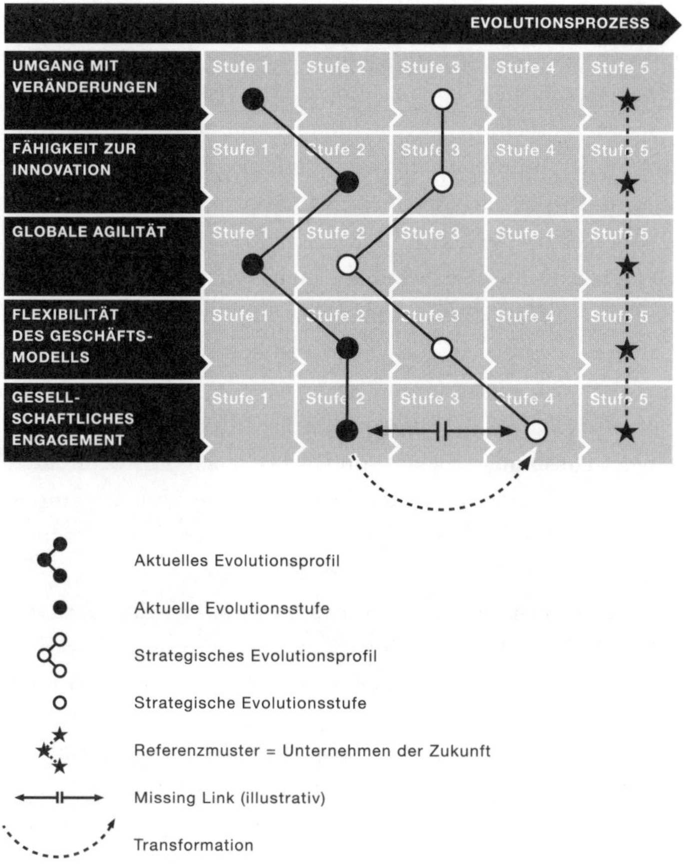

Abb. 2: Evolutionsprofile

angenähert haben. Gleichwohl gibt dieses Muster für jedes Unternehmen die grundsätzliche Richtung des Evolutionsprozesses vor.

In Abb. 2 ist ein Schema dargestellt, das zur Illustration des aktuellen und des strategischen Evolutionsprofils eines Unternehmens herangezogen werden kann. In dem gezeigten Beispiel ist zudem das Referenzprofil des Unternehmens der Zukunft sowie ein exemplarischer Missing Link eingezeichnet. Um diesen in einen Connecting Link zu überführen, ist eine Transformation erforderlich, bei der mehrere Evolutionsstufen überwunden werden müssen. In unserer Terminologie handelt es sich bei diesem Beispiel also um einen Evolutionssprung.

Auf welche Weise eine Transformation im Einzelnen vollzogen werden muss, ist davon abhängig, auf welchen Stufen des Evolutionsprozesses sich ein Unternehmen befindet und welche Stufen es zu erreichen gilt. Die beiden korrespondierenden Profile lassen sich auf der Grundlage verschiedener gegenwarts- und zukunftsbezogener Indikatoren aufstellen, die auf den Erkenntnissen der Forschungsarbeiten von IBM beruhen. Zur Beurteilung der *Zukunft*, also zum Aufstellen des *strategischen* Evolutionsprofils, wird anhand von 25 Ziel-Indikatoren die individuelle Position ermittelt, die ein Unternehmen innerhalb des zugrunde gelegten Planungszeitraums in seinen Märkten anstreben sollte. Hierzu wird für jede Dimension des Evolutionsprozesses auf der Basis von fünf Merkmalen die jeweilige Zielstufe bestimmt. Sie ergibt sich aus der mittleren Position der drei für diese Dimension am höchsten bewerteten Indikatoren (siehe Abb. 3).

Auf ganz ähnliche Weise wird die *Gegenwart*, also das *aktuelle* Evolutionsprofil des eigenen Unternehmens analysiert – dies allerdings auf der Grundlage spezieller, auf die betreffende Aufgabenstellung zugeschnittener Status-Indikatoren. Auch hier wird das Profil anhand der fünf Evolutionstreiber aufgestellt. Die Lücken, die sich auf den einzelnen Dimensionen ergeben, kennzeichnen – wie oben dargelegt – die Missing Links, die es zu überwinden gilt. Um das Ausmaß eines Missing Link und die Dringlichkeit, mit der seine Überwindung vollzogen werden muss, zu beurteilen, können zwei entsprechende Kennzahlen herangezogen werden. Das *Ausmaß* (A) eines Missing Link auf der Dimension i errechnet sich, indem der aktuelle Stufenwert

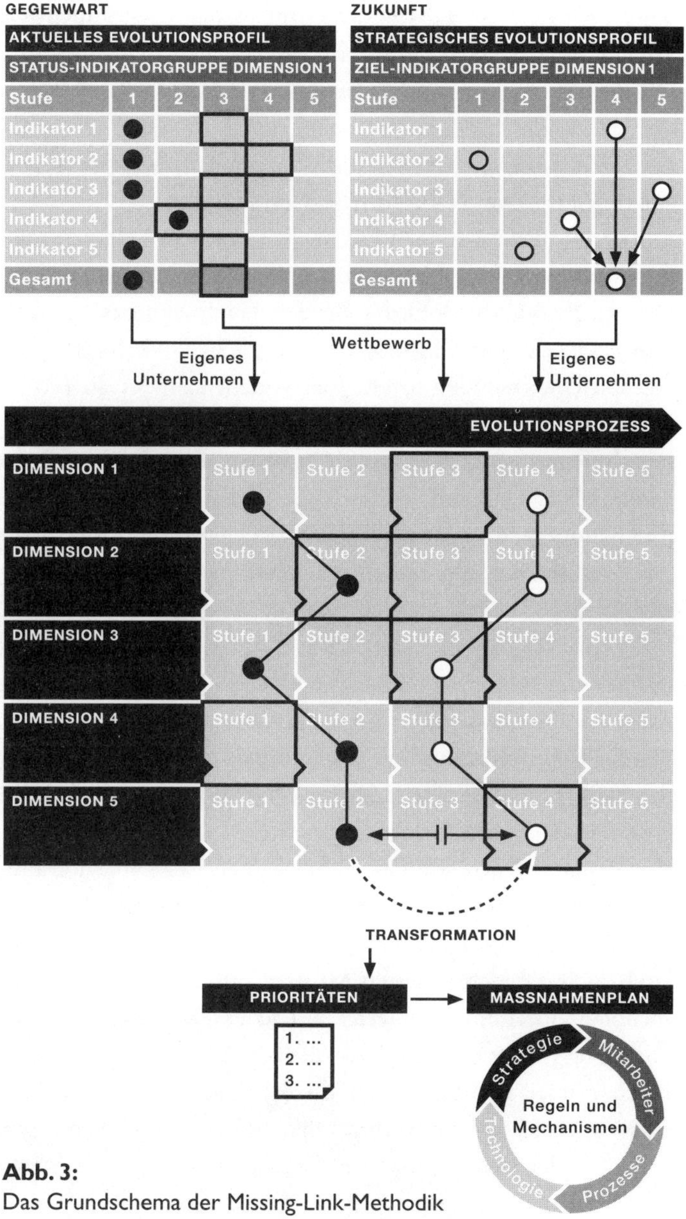

Abb. 3:
Das Grundschema der Missing-Link-Methodik

des eigenen Unternehmens aSU_i vom strategischen Stufenwert sSU_i subtrahiert wird:

$$A_i = sSU_i - aSU_i$$

Ist $A_i > 0$, dann liegt ein Missing Link vor. Sein Ausmaß ist umso größer, je höher der ermittelte Wert ausfällt.

Zur Ermittlung der Dringlichkeit, mit der der Missing Link in einen Connecting Link transformiert werden muss, wird das aktuelle Evolutionsprofil des eigenen Unternehmens mit dem seiner wichtigsten Wettbewerber abgeglichen: Sind diese dem eigenen Unternehmen bereits weit voraus, dann ist die Dringlichkeit hoch, bleiben sie hingegen weit hinter dem eigenen Unternehmen zurück, dann ist sie geringer. Berechnet wird die *Dringlichkeit* (*D*), indem das Ausmaß des Missing Link mit dem Quotienten aus dem aktuellen Stufenwert der Konkurrenz aSK_i und der eigenen aktuellen Evolutionsstufe aSU_i multipliziert wird:

$$D_i = A_i \cdot aSK_i/aSU_i$$

Auch die Dringlichkeit ist umso größer, je höher der Wert ist, den die Kennzahl annimmt. Die letztendliche Priorität, mit der die Transformation eines Missing Link verfolgt werden sollte, ergibt sich aus einem Vergleich mit den Dringlichkeiten der Missing Links auf den übrigen Dimensionen des Evolutionsprozesses: Die Missing Links mit den höchsten Dringlichkeitswerten müssen als erste überwunden werden. Auf dieser Grundlage lassen sich die identifizierten Missing Links in einen Maßnahmenplan überführen. Er zeigt auf jeder Dimension für den Übergang von einer Evolutionsstufe zur nächsten die konkreten Mechanismen und Regeln auf, die bei einer *Transformation* der Missing Links in Connecting Links beachtet werden müssen. Dabei werden vier grundsätzliche Handlungsebenen unterschieden: Strategien, Mitarbeiter, Prozesse und Technologien.

Im Folgenden wollen wir die Grundzüge unserer Methodik an einem Beispiel aus der Praxis veranschaulichen: Das noch junge Unternehmen Facebook hat seinen eigenen Evolutionsprozess von Beginn an konsequent in die richtigen Bahnen gelenkt – und war damit überaus erfolgreich.

Das Beispiel Facebook: irgendwo zwischen Nigeria und Japan

„Wir wollen das Unternehmen nicht verkaufen, und wir denken nicht im Geringsten an einen baldigen Börsengang." Was zunächst wie eine Mischung aus jugendlicher Naivität und postpubertärem Größenwahn gewirkt haben mag, sollte sich schon bald als eine weitsichtige Entscheidung erweisen. Als Mark Zuckerberg, der Gründer der Netzgemeinschaft Facebook, dem *Wall Street Journal* 2006 diesen Satz diktierte, schien er sich einer erfolgreichen Zukunft sicher. Der Studienabbrecher von der Eliteuniversität Harvard, damals gerade 22, wollte nicht verkaufen. Und das, obwohl ihm niemand Geringeres als der Internetpionier Yahoo im Sommer 2006 die stolze Summe von einer Milliarde Dollar bot – für ein Unternehmen, das kaum zwei Jahre alt war. „Er hatte überhaupt keine andere Wahl, als zu verkaufen", konstatierte das Branchenblatt *Wired.* Aber Zuckerberg wollte nicht. Stattdessen zog er sich lieber den Zorn seiner Geldgeber und den Spott der Internetgemeinde zu. Er konnte es ertragen – denn er hatte bereits den nächsten Entwicklungsschritt seines Unternehmens fest im Blick.[12]

Facebook, ein „soziales Netzwerk", in dem sich die Mitglieder mit Beiträgen, Bildern und Videos präsentieren, Kontakte zu Freunden, Bekannten und Kollegen pflegen, Nachrichten an andere Mitglieder versenden und ähnliche Dinge tun, war damals, im Jahr 2006, kaum mehr als eine große Studentengemeinschaft. Eine Gemeinschaft indes, die bereits seit ihrer Gründung genau das tat, was unter dem Schlagwort „Web 2.0“ immer stärker an Popularität gewann: Die Mitglieder erstellten und bearbeiteten die Inhalte ihres Netzwerks selbst, anstatt die von großen Medienunternehmen vorgefertigten Informations- und Unterhaltungsangebote zu nutzen. Es war eine neue Art, mit dem Online-Medium umzugehen, die sich zusehends durchzusetzen begann – und die dem Internet zu einem zweiten Boom verhalf. Einem Boom, an dem Facebook kräftig partizipierte. Denn als sich das Nutzungsverhalten der Internetgemeinde wandelte, läutete Zuckerberg die nächste Evolutionsrunde seines Start-ups ein und baute es zu einem globalen Netzwerk aus. Seither erlebt Facebook einen wahren Höhenflug: Innerhalb von nur zweieinhalb Jahren stieg die Zahl der aktiven Nutzer von acht auf über 132 Millionen – und überholte damit den größten Konkurrenten, die zu Rupert Murdochs Medienkonzern News Corporation gehörende Online-Gemeinschaft MySpace. Welche Dimensionen Zuckerbergs Unternehmen mittlerweile angenommen hat, macht ein symbolischer Vergleich deutlich: Wäre Facebook ein Land, dann wäre es heute das zehntgrößte der Welt, irgendwo zwischen Nigeria und Japan.

Von der Studentengemeinschaft zum weltweiten Kontaktnetzwerk entwickelte sich Facebook in nur wenigen Jahren. Hätte Mark Zuckerberg sein Unternehmen 2006 an Yahoo verkauft, dann hätte er von dieser Evolution nicht in dem Maße profitiert, wie er es heute tut: Er selbst ist inzwischen drei Milliarden Dollar schwer – und zwar auf der Basis eines 20-prozentigen Anteils, den er heute an Facebook hält. Im Umkehrschluss heißt das, dass die „heißeste Plattform im Web“, wie *Wired* Facebook kürzlich nannte, mittlerweile mit eindrucksvollen 15 Milliarden Dollar bewertet wird.

Mark Zuckerberg hatte Erfolg, weil er die Zukunft richtig einschätzte und die Chancen erkannte, die die weitere Evolution seines Unternehmens bieten sollte. Auch im Fall von Facebook verlief diese Evolution entlang der fünf beschriebenen Dimensionen – dem Umgang mit Veränderungen, der Fähigkeit zur Innovation, der Flexibilität des Geschäftsmodells, der globalen Agilität und dem gesellschaftlichen Engagement:

- *Umgang mit Veränderungen*

  Die Veränderungen, die sich bei den Nutzungsgewohnheiten im Internet abzeichneten – allen voran die zunehmende Bedeutung von Inhalten, die die Nutzer selbst erstellen – griff Zuckerberg nicht nur als einer der Ersten auf, um sein Unternehmen konsequent auf die neuen Herausforderungen auszurichten. Er gestaltete den Wandel aktiv mit und setzte sich an dessen Spitze. Im Grundschema der Missing-Link-Methodik entwickelte er Facebook zwischen 2006 und 2009 von der vierten auf die fünfte und damit auf die höchste Stufe im Umgang mit Veränderungen.

- *Fähigkeit zur Innovation*

  Dabei verließ sich das Unternehmen nicht nur auf die eigene Innovationskraft, sondern auch – und gerade – auf gute Ideen von außen. Bereits das Grundkonzept von Facebook basiert auf einem Dialog mit und zwischen den Nutzern. 2007 öffnete das Unternehmen seine Seite zudem für externe Programmierer. So entstanden im Zusammenspiel der Nutzer und der externen Experten über 3 000 neue Anwendungen, mit deren Hilfe die Mitglieder von Facebook heute kommunizieren und interagieren können. „Wir wollen Facebook zu so etwas wie einem Betriebssystem machen, auf dem unzählige Programme laufen“, erklärt Zuckerberg. In der Missing-Link-Systematik hat er sein Unternehmen damit von der dritten auf die vierte Innovationsstufe gehoben.

Flexibilität des Geschäftsmodells

Selbst bewährte Muster des noch jungen Geschäfts stellt Zuckerberg immer wieder infrage. So kopierte er nicht etwa das Erfolgsmodell des Konkurrenten MySpace, sondern experimentiert ganz bewusst mit eigenen Akzenten. In vielerlei Hinsicht wirkt Facebook geradezu wie der Gegenentwurf zu Rupert Murdochs Netzgemeinde: Es ist authentischer, weniger verspielt, zurückgenommener im Design. Facebook wendet sich nicht nur an jugendliche Nutzer, die ihre Profile wie eine Mini-Homepage mit schrillen Bildern, Musik- und Videoclips in Szene setzen, es erfreut sich mit seinen zweifarbigen Kontaktseiten auch bei einer älteren Zielgruppe steigender Beliebtheit. Eine gute Basis für eine weitere Modifikation des Geschäftsmodells, die Facebook im Oktober 2007 einleitete: Das Unternehmen öffnete die Profile von über 50 Millionen Nutzern für personalisierte Werbemaßnahmen. Und auch die zukünftige Weiterentwicklung des Geschäftsmodells zeichnet sich bereits ab: Soziale Netzwerke werden mobil. Auch hierfür hat sich Facebook bereits mit entsprechenden Angeboten gewappnet, etwa mit speziellen Applikationen für das iPhone von Apple. Mit diesen Aktivitäten hat sich Facebook von der ersten Stufe der Evolution im Bereich der Geschäftsmodelle, die vor allem darauf abzielt, mögliche Innovationen in diesem Bereich zu eruieren, auf die zweite Stufe weiterentwickelt, auf der ein Unternehmen beginnt, mit verschiedenen Geschäftsmodellvarianten zu experimentieren.

Globale Agilität

In globaler Hinsicht setzt das ehemalige Studentennetzwerk, das im Jahr 2006 gerade einmal damit begann, die ersten internationalen Chancen auszuloten, heute auf nachhaltige

Expansion. Die größten Gemeinden besitzt das Unternehmen zwar noch immer im englischen Sprachraum – in den USA, in Kanada und in Großbritannien. Doch auch die 2008 gestarteten Ableger in Deutschland, Spanien und Frankreich beginnen zu wachsen – sie sollen die Grundlage für die weitere Expansion in Europa bilden. Aufgrund der für externe Entwickler offenen Innovationsplattform und der inhaltlichen Gestaltung des Netzwerks durch seine Mitglieder sichert sich Facebook dabei den Zugriff auf die besten global verteilten Ressourcen. Mit dem systematischen Ausbau des Geschäfts, den das Unternehmen heute betreibt, hat sich Facebook von der ersten auf die vierte Stufe der globalen Evolution emporgearbeitet. Dabei strukturiert das Unternehmen seine Aktivitäten allerdings ganz anders als etwa die Konkurrenz von MySpace. „Deren Ansatz zielt mehr auf Inhalte ab – und dafür brauchen sie Mitarbeiter vor Ort", erläutert Facebook-Vizepräsident Matt Cohler die Unterschiede. Facebook dagegen sieht sich als Technologieunternehmen, das stärker aus einer globalen Zentrale heraus agieren kann.

Gesellschaftliches Engagement

Mark Zuckerberg selbst hebt einen anderen Aspekt hervor: den gesellschaftlichen Nutzen, den sein Unternehmen stiftet. Facebook, so der Gründer, eröffne seinen Mitgliedern die Möglichkeit, ihre geschäftlichen und privaten Beziehungen auf einer ganz neuen Kommunikationsebene zu gestalten. „Wir nennen es den ‚Social Graph', das Koordinatensystem bestehender sozialer Verbindungen." Dabei setzt Facebook auf eine Werte-basierte Selbstregulation, die das Unternehmen in der Missing-Link-Systematik von der zweiten Stufe einer strategischen Philanthropie auf die dritte Stufe des gesellschaftlichen Engagements emporhebt. Und die Netzgemeinde nutzt die Möglichkeiten immer häufiger, um einen gesellschaftlichen Wandel anzustoßen. Das prominenteste Beispiel ist sicherlich Oscar Morales Guevara. Der Kolumbianer wollte dem Terror, den die Rebellenorganisation FARC in seinem Land verbreitet, nicht länger tatenlos zusehen. Auf seiner Facebook-Seite schrieb er sich seine Wut von der Seele. Binnen weniger Tage schlossen sich im Februar 2008 Tausende Kolumbianer seinem Protest an und verabredeten sich zu Demonstrationen im ganzen Land. Hunderttausende gingen auf die Straße.[13]

Bei allem Erfolg: Facebook ist – wie gesehen – in den meisten Dimensionen noch ein gutes Stück entfernt vom Referenzprofil des Unternehmens der Zukunft (siehe Abb. 4). Und dennoch ist es ein gutes Beispiel für einen mit Bedacht gestalteten Evolutionsprozess, denn es zeigt, dass die gezielte Weiterentwicklung eines Unternehmens nicht unmittelbar in das Referenzprofil münden muss, um erfolgreich zu sein. Die Richtung der Evolution und die richtige Geschwindigkeit sind entscheidend. Facebook hat in einer sehr frühen Phase, als es noch nicht viel mehr war als ein studentisches Start-up, damit begonnen, sich methodisch gut durchdacht mit der eigenen Zukunft auseinanderzusetzen und seine weitere Entwicklung aktiv zu gestalten – Schritt für Schritt, entlang der fünf wesentlichen Dimensionen der strategischen Evolution.

Rekapitulieren wir noch einmal die zugrunde liegende Methodik: Im ersten Schritt wird die Zukunft betrachtet. Hier gilt es, ein strategisches Profil zu erarbeiten, das die Eigenschaften und Fähigkeiten definiert, die das eigene Unternehmen in der nächsten strategischen Entwicklungsstufe erreichen soll. Als Orientierungspunkt – als strategischer „True North“ – dient dabei das Referenzprofil des Unternehmens der Zukunft. Im zweiten Schritt wird dem entwickelten Zukunftsbild die Gegenwart gegenübergestellt. Hierzu wird zunächst die momen-

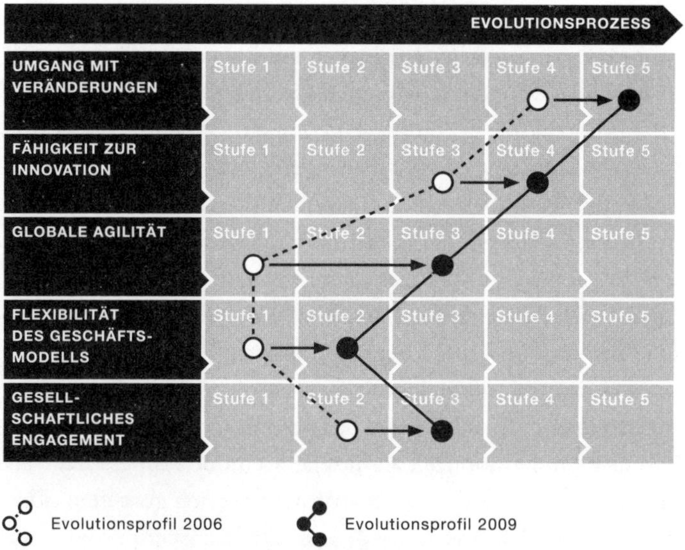

Abb. 4: Die Evolution von Facebook – 2006 bis 2009

tane Position des eigenen Unternehmens analysiert, dann die der wichtigsten Wettbewerber. Beides dient als Grundlage für den dritten Schritt, das Auffinden und Überwinden der Missing Links.

Die schlechte Nachricht ist, dass Missing Links – wir hatten es bereits erwähnt – überall im Unternehmen zu finden sind. Das macht ihre Identifikation und ihre Überwindung zu einem komplexen Problem. Gleichwohl gibt es auch eine gute Nachricht, die den Umgang mit den fehlenden Bindegliedern handhabbar macht: Die Forschungsarbeiten von IBM belegen, dass Missing Links schwerpunktmäßig auf einer oder auf mehreren der fünf Dimensionen des Evolutionsprozesses auftreten und dass Unternehmen, die ihre Evolution – so, wie es zum Beispiel Facebook getan hat – systematisch auf diesen Dimensionen managen, signifikant erfolgreicher agieren als ihre Wettbewerber.

Im folgenden Kapitel werden wir erläutern, wie Sie die Missing Links in Ihrem Unternehmen aufdecken, priorisieren und überwinden können. Das Kapitel gliedert sich entlang der fünf Dimensionen der Evolution. Für jede einzelne Dimension stellen wir die entscheidenden Besonderheiten dar und zeigen anhand eines Praxisbeispiels auf, wie man ihnen erfolgreich begegnet. Im Anschluss daran finden Sie unter der Überschrift „Wissen“ zunächst eine Checkliste, mit deren Hilfe Sie die Missing Links in Ihrem Unternehmen identifizieren können. Unter der Überschrift „Handeln“ finden Sie konkrete Hinweise dazu, welche Schritte erforderlich sind, um von Ihrer aktuellen Evolutionsstufe auf die nächsthöhere zu gelangen, und eine auf die jeweilige Dimension zugeschnittene Methodik, die es Ihnen ermöglicht, die betreffenden Schritte erfolgreich zu gehen. Den Abschluss bildet jeweils wiederum ein Praxisbeispiel, das die Anwendung der betreffenden Methodik veranschaulicht.

Vom Wissen zum Handeln: So finden und überwinden Sie die Missing Links

Die Erfahrung zeigt, dass es ratsam ist, sich zunächst mit einer im Tagesgeschäft häufig vernachlässigten Frage auseinanderzusetzen, bevor man mit der Identifikation der Missing Links beginnt – einer Frage, die vielen auf den ersten Blick trivial erscheinen mag: Auf welchem Markt ist das eigene Unternehmen eigentlich tätig? In der Praxis wird dies in der Regel als selbstverständlich angesehen. Schließlich setzt man sich tagtäglich mit dem Markt auseinander. Man gestaltet ihn, ist ein Teil von ihm. Doch wie lässt er sich präzise definieren? Wo genau verlaufen die Grenzen der eigenen Branche? Fragen wie diese werden nicht selten als „zu theoretisch" abgetan – und tatsächlich ist ihre Bedeutung in der täglichen Arbeit meist relativ gering. Im Rahmen der strategischen Planung jedoch darf ihr Einfluss nicht unterschätzt werden. Ob die Grenzen des eigenen Geschäfts eher weit oder eher eng gezogen werden, hat erhebliche Konsequenzen für die strategische Analyse.

Exemplarisch lässt sich dies an zwei für die Planung wichtigen Kenngrößen verdeutlichen: der eigenen Wettbewerbsstärke und der Attraktivität des betrachteten Marktes. Werden die Marktgrenzen zu weit gefasst, erscheinen der eigene Marktanteil und damit die eigene Wettbewerbsposition schwächer, als es tatsächlich der Fall ist. Andererseits besteht die Gefahr, den Markt unangemessen eng zu definieren, sodass dem eigenen Unternehmen unweigerlich ein sehr hoher Marktanteil und damit – gegebenenfalls zu Unrecht – die Position des Marktführers zugesprochen wird. Die gleiche Problematik besteht in Bezug auf die Marktattraktivität. Ein zu eng oder zu weit gefasster Markt kann ein wesentlich höheres oder auch geringeres Wachstumspotenzial aufweisen, als es im tatsächlichen Geschäft eines Unternehmens realistischerweise zu erwarten ist.

Ein objektives und zugleich praktikables Kriterium, das hilft, die genannten Gefahren zu umgehen, existiert indes nicht. Die Abgrenzung eines in sich geschlossenen Marktes ist grundsätzlich eine schwierige, in der Praxis häufig kaum zu bewerkstelligende Aufgabe. Unterschiedlichste Produkte unterschiedlichster Anbieter konkurrieren um die Befriedigung unterschiedlichster Bedürfnisse. Sind – um ein Beispiel zu nennen – Mineralwasser, Limonade, Tee, Kaffee, Bier und Radler etwa demselben Markt zuzurechnen? Wenn es um die reine Befriedigung des Bedürfnisses „Durst löschen" geht, dann müsste dies wohl bejaht werden. Oder ist es zweckmäßig, separate Märkte für alkoholische und nicht alkoholische Getränke zu unterscheiden? Für Heiß- und Kaltgetränke? Oder für Erfrischungsgetränke? Und müssten letztere nicht auch wieder in alkoholische und nicht alkoholische Subsegmente eingeteilt werden?

Ein formal sehr trennscharfes, aber leider nur begrenzt praktikables Kriterium, das bei Fragestellungen wie diesen herangezogen werden kann, ist der von dem belgischen Ökonomen Robert Triffin entwickelte und nach ihm benannte triffinsche Koeffizient. In allgemeiner Form lässt er sich wie folgt darstellen:

$$T_{m_i, x_j} = \frac{\frac{\partial m_i}{m_i}}{\frac{\partial x_j}{x_j}}$$

Dabei bezeichnet m_i die Absatzmenge von Unternehmen i und x_j ein absatzpolitisches Instrument – etwa den Preis oder die

Werbeausgaben – von Unternehmen j. ∂m_i beziehungsweise ∂x_j bringen die Veränderung der Absatzmenge m respektive des Parameters x zum Ausdruck. Wenn eine Variation des Instruments x durch Anbieter j – zum Beispiel eine Preisänderung – zu einer spürbaren Veränderung der von Anbieter i abgesetzten Menge m führt, dann sind beide Unternehmen auf dem gleichen Markt tätig. Liegt der Wert des Koeffizienten hingegen bei null, ist die Aktion des Anbieters j für Anbieter i also nicht spürbar, bieten die beiden Unternehmen ihre Produkte auf unterschiedlichen Märkten an. Je höher der Wert des triffinschen Koeffizienten ausfällt, desto gleichartiger werden die Produkte am Markt wahrgenommen. Am höchsten ist er für sogenannte Commodities, also für Produkte mit nahezu identischer Qualität, wie zum Beispiel Getreide, Metalle oder Erdöl, die zumeist als Massenware verkauft werden.

In der Praxis ist es zwar grundsätzlich möglich, den triffinschen Koeffizienten in Labor- oder Feldexperimenten zu erheben. Sein wahrer Wert ist jedoch eher theoretischer Natur. Zumeist sprechen Zeit- und Ressourcengründe gegen seinen Einsatz – und auch psychologisch fühlt sich mancher Praktiker von dem doch sehr akademischen Konzept kaum angesprochen. Als praktikabler hat sich ein von Derek Abell entwickeltes Modell erwiesen. Der angesehene Marketingprofessor, der viele Jahre in Harvard lehrte, beschreibt einen Markt anhand von drei Dimensionen:[14]

- Dem Kundenproblem:
  Welches Bedürfnis besteht?
- Der Technologie:
  Wie wird das Bedürfnis befriedigt?
- Und der Kundengruppe:
  Bei wem liegt das Bedürfnis vor?

Auf der Basis dieser Kriterien lässt sich anhand logischer, allerdings auch immer mit einer gewissen Subjektivität behafteter Schlussfolgerungen der relevante Markt abgrenzen, der sämtliche Nachfrager – die aktuellen ebenso wie die potenziellen – umfasst, deren Bedürfnisse mit den eigenen Technologien befriedigt werden können beziehungsweise sollen, sowie alle Unternehmen, die mithilfe ihrer Technologien dazu in der Lage sind, hierbei als Konkurrenten aufzutreten.

Ein Beispiel mag das zugrunde liegende Prinzip verdeutlichen: Das Bedürfnis zu reisen kann bei verschiedenen Kundengruppen auftreten – etwa bei Geschäftsleuten oder bei Urlaubern – und es kann mithilfe unterschiedlicher Technologien befriedigt werden – zum Beispiel per Bahn, Flugzeug oder Automobil. Ein Markt kann nun durch eine Orientierung an einer Kundengruppe, einem Kundenproblem, einer Problemlösungstechnologie oder einer Kombination dieser drei Dimensionen gebildet werden.

Es ist empfehlenswert, sich Gedanken wie diese zu machen, bevor man mit der Identifikation der eigenen Missing Links beginnt, denn der Markt beziehungsweise die Branche, in der ein Unternehmen tätig ist, bildet eine ganz wesentliche Grundlage für die Aufstellung des strategischen Evolutionsprofils, das man für die Zukunft anstrebt, und für den Abgleich des aktuellen Profils mit dem der Konkurrenz. Nur auf der Basis eines solchen Benchmarkings ist es möglich, die identifizierten Missing Links sinnvoll zu interpretieren und zu priorisieren.

Hat man die Marktgrenzen hinreichend gut definiert, beginnt die eigentliche Analyse. Sie orientiert sich an den fünf Dimensionen der strategischen Evolution. Jede einzelne von ihnen kann, wie wir es bereits beschrieben haben, in mehrere, aufeinanderfolgende Stufen unterteilt werden. In den kommenden Abschnitten werden wir diese nun im Detail betrachten und ihre Besonderheiten anhand von Fallbeispielen aus der

Praxis veranschaulichen. Im Anschluss an die Darstellung jeder einzelnen Dimension findet sich ein Set von Checklisten, die es Ihnen zum einen ermöglichen, diejenige Position zu bestimmen, die Ihr Unternehmen für die Zukunft anstreben sollte, und zum anderen Ihre aktuelle Position und die Ihrer Wettbewerber einzuordnen. Der Umgang mit Veränderungen, die Fähigkeit zur Innovation, die globale Agilität, die Flexibilität des Geschäftsmodells, das gesellschaftliche Engagement – finden Sie selbst heraus, wo die Missing Links in Ihrem Unternehmen liegen.

Der Umgang mit Veränderungen: auf der Wildwasserbahn

„In den letzten zehn Jahren haben wir mehr Veränderungen erlebt als in den 90 Jahren davor." Ad Scheepbouwer, Vorstandschef des niederländischen Telekommunikationskonzerns KPN Telecom, trifft mit dieser Aussage ganz fraglos den Nerv der Zeit. Die Fähigkeit eines Unternehmens, sich schnell und erfolgreich zu verändern, ist heute wichtiger als je zuvor. Zwar sind ständige Veränderungen der Märkte und der Gesellschaft keineswegs ein neues Phänomen. Doch heute haben immer mehr Unternehmen Schwierigkeiten, mit dem beispiellosen Tempo des Wandels Schritt zu halten. Alles um sie herum scheint sich schneller zu verändern, als sie selbst es können. Eine Erfahrung, die auch Dennis Jönsson teilt: „Die Geschwindigkeit, mit der Veränderungen heute ablaufen, hat sich dramatisch erhöht", bestätigt der Vorstandschef von Tetra Pak. „Die Kunden verlangen einen radikalen Wandel, der sich vor allem bei den Produktinnovationen niederschlägt. Unser Unternehmen wird nicht umhinkommen, seine Fähigkeit, mit diesen Ansprüchen umzugehen, erheblich zu erweitern."

Hinzu kommt, dass die meisten Führungskräfte ein immer breiteres Spektrum an Herausforderungen bewältigen müssen, was noch mehr Risiken und noch mehr Ungewissheit mit sich bringt. Vor einigen Jahren standen noch marktbezogene Faktoren, etwa Kundentrends, Marktverschiebungen und das Verhalten des Wettbewerbs, ganz oben auf der Vorstandsagenda. Mit anderen Einflüssen – mit sozioökonomischen und geopolitischen Fragen oder mit Umweltthemen etwa –, die damals noch als weniger wichtig eingeschätzt wurden, befasste sich die Unternehmensspitze nur selten. Heute hingegen können sich die Vorstandschefs nicht mehr auf eine eng gefasste Prioritätenliste fokussieren. Mittlerweile hat die Qualifikation von Mitarbeitern den gleichen Stellenwert, wie er den marktbezogenen Faktoren zukommt – und Umweltthemen verlangen nun doppelt so viel Aufmerksamkeit wie in den Jahren zuvor (siehe Abb. 5). Plötzlich ist alles wichtig und Veränderungen können von allen Seiten auf ein Unternehmen zukommen. Viele Führungskräfte fühlen sich – wie es ein Vorstand aus Kanada formuliert – „wie auf einer Wildwasserbahn".

Um die Expansion in neue geografische Märkte voranzutreiben und um die älter werdende Generation der „Babyboomer", die nach und nach aus dem Arbeitsleben ausscheiden, zu ersetzen, suchen viele Unternehmen nach qualifizierten Mitarbeitern mit Branchenkenntnissen, technischem Know-how und – insbesondere – mit den notwendigen Führungsqualitäten. So rangiert die Suche nach qualifizierten Mitarbeitern gemeinsam mit marktbezogenen Faktoren ganz oben auf der Liste der wichtigsten Einflussgrößen der Veränderung – und bildet zugleich eine der größten Hürden. Viele Führungskräfte heben zudem die Rolle des technologischen Fortschritts hervor, der ihre Wertschöpfungsketten umgestaltet, neue Produkte und Dienstleistungen entstehen lässt und die Interaktion mit den Kunden verändert.

Der Umgang mit dem immer schnelleren Wandel der Märkte wird in vielen Unternehmen vor allem zu einer kulturellen

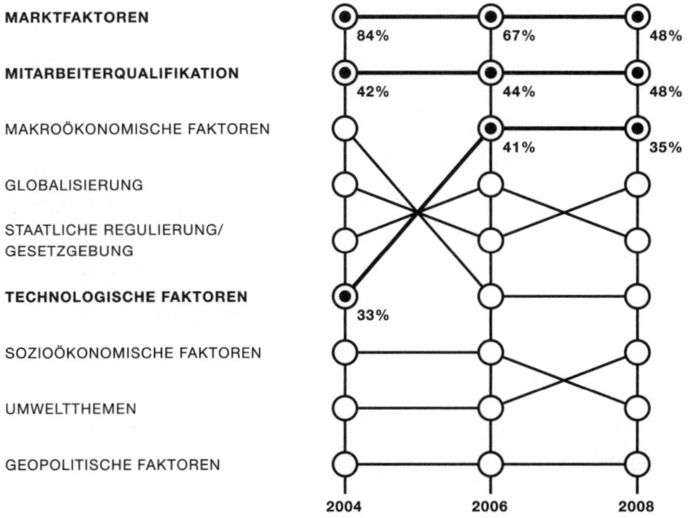

Quelle: IBM Global CEO Study 2008; n (2004) = 403, n (2006) = 760, n (2008) = 1130

Abb. 5: Einflussgrößen der Veränderung

Herausforderung. „Der Schlüssel zu einer erfolgreichen Umgestaltung ist eine andere Denkweise", gibt etwa Masao Yamazaki zu bedenken, Präsident und Vorstandschef der West Japan Railway Company. „Große Unternehmen werden leicht selbstzufrieden – das müssen wir ändern. Die Fähigkeit zum Wandel muss in unsere Unternehmenskultur integriert sein." In den vergangenen Jahrzehnten war das nicht überall der Fall. Entscheidungen wurden vor allem auf der Basis harter Fakten getroffen. Und Fakten, diese Meinung war in vielen Führungsetagen weit verbreitet, sind letztendlich immer quantifizierbar. So folgte man dem Credo: Zahlen zählen, sonst nichts. Man schätzte Zähler, schätzte Nenner und rundete das Ergebnis auf die dritte Stelle hinter dem Komma. Wer Fakten so versteht, läuft jedoch Gefahr, ein ganz entscheidendes Faktum des Wandels zu übersehen: den Faktor Mensch.

Diese Erkenntnis ist nicht neu. Bereits Einstein stellte fest: „Nicht alles, was gezählt werden kann, zählt – und nicht alles, was zählt, kann gezählt werden.“ Doch wenn es in der Wirtschaft menschelt, dann meist mit Phrasen wie: „Betroffene zu Beteiligten machen“ oder, literarisch feinsinniger, in Anlehnung an den auch von uns bereits zitierten Antoine de Saint-Exupéry: „Wenn du ein Boot bauen willst, dann trommle nicht die Menschen zusammen und gib ihnen Holz, Hammer und Nägel, sondern erzähle ihnen von der Weite des Meeres.“ Doch die Menschen in einer Organisation sind nicht nur bedauernswerte Geschöpfe, die sich nach einer artgerechten Führung sehnen und die durch eine geschickte Manipulation letztendlich in die gewünschte Richtung gelenkt werden können. Die Menschen in einer Organisation orientieren sich vor allem an einem: ihren eigenen Zielen und Interessen. Nur wenn es gelingt, diese Interessen durch entsprechende Anreizmechanismen mit den Zielen des Unternehmens in Einklang zu bringen – finanzielle Aspekte spielen hier ebenso eine Rolle wie Status oder Selbstverwirklichung – kann ein unternehmensweiter Wandel gelingen.

Die Fähigkeit eines Unternehmens, sich schnell und erfolgreich zu verändern, ist heute zweifellos wichtiger als je zuvor. Aus den Forschungsarbeiten von IBM lassen sich die Eigenschaften im Umgang mit Veränderungen ableiten, die das Unternehmen der Zukunft kennzeichnen werden:

Das Unternehmen der Zukunft ...

... akzeptiert Veränderungen als selbstverständlich

Es verändert sich kontinuierlich, doch aufgrund seiner Unternehmenskultur haben die Mitarbeiter kein Problem mit der daraus resultierenden Unberechenbarkeit. In einem Umfeld, in dem Produkte, Märkte, Prozesse und Geschäftsmodelle einem permanenten Wandel unterliegen, sorgen Werte und Ziele für Orientierung und Zusammenhalt.

... *fördert Innovatoren und Treiber des Wandels*

Das Unternehmen der Zukunft ist der richtige Ort für Visionäre – für Menschen, die überkommene Annahmen infrage stellen und radikale Alternativen vorschlagen, auch wenn deren Umsetzung auf den ersten Blick unmöglich erscheinen mag. Das Unternehmen der Zukunft setzt an strategischen Stellen charismatische Führungspersönlichkeiten ein, die die weitere Richtung vorgeben, andere inspirieren und das Unternehmen voranbringen. Leistungsträger werden leistungsorientiert belohnt.

... *konzentriert sich auf Geschäftsergebnisse*

In einer 2008 durchgeführten Studie zu Change-Management-Verfahren gaben 75 Prozent der befragten Unternehmen an, dass ihre Vorgehensweise beim Umgang mit Veränderungen in der Regel informell, ad hoc oder improvisiert sei.[15] Im Gegensatz dazu definiert und koordiniert das Unternehmen der Zukunft Veränderungen im Rahmen strukturierter Programme, die sich an bestimmten geschäftlichen Ergebnissen orientieren und auf das Erreichen dieser Ergebnisse ausgerichtet sind. Das Unternehmen der Zukunft überwacht den geschäftlichen Nutzen von Änderungen und die Wirksamkeit des Change Management. Ein effektives Change Management ist dabei eine Kernkompetenz auf allen Ebenen und wird als professionelle Disziplin, nicht als „Kunst“, gefördert.

... *funktioniert wie ein Risikokapitalgeber*

Das Unternehmen der Zukunft etabliert Prozesse und Strukturen, die die Innovation und Transformation des Unternehmens fördern. Durch das aktive Management eines Portfolios von Investitionen schützt und unterstützt es gute neue Ideen, während es die schwachen systematisch aussortiert.

Auf dem Weg zum Unternehmen der Zukunft lassen sich fünf empirische „Reifegrade“ im Hinblick auf den Umgang mit Veränderungen unterscheiden. Sie entsprechen den fünf Evolutionsstufen dieser Dimension und können sowohl für einzelne Unternehmen als auch für ganze Branchen beobachten werden.

Die fünf Evolutionsstufen im Umgang mit Veränderungen:

1. *Spontaner, reaktiver Umgang mit Veränderungen*

   In einem frühen Stadium – vor allem in Branchen, die vergleichsweise stabile Bedingungen aufweisen – ist der Umgang mit Veränderungen zumeist noch intuitiv und reaktiv. Ein vorausschauend geplanter und gestalteter Veränderungsprozess existiert nicht.

2. *Einzelne Veränderungsprojekte werden aufgesetzt*

   Nimmt die Unsicherheit in der Branche zu, gehen immer mehr Unternehmen dazu über, einzelnen Teilaspekten des Wandels mit gezielten Veränderungsprojekten zu begegnen. Den betreffenden Initiativen mangelt es jedoch häufig noch an einer übergeordneten Abstimmung im Sinne einer „ganzheitlichen“ Sicht.

3. *Veränderungsportfolios und -programme werden etabliert*

   Mit weiter ansteigender Unsicherheit in einem immer komplexeren, dynamischen Marktumfeld realisieren viele Unternehmen, dass sie den Wandel in ihrer Umwelt und in ihren internen Organisationsstrukturen nicht durch isolierte Einzelmaßnahmen, sondern nur durch koordinierte, integrative Veränderungsportfolios und Veränderungsprogramme bewältigen können.

4. *Veränderungen werden antizipiert und aktiv vorangetrieben*

   In einem Umfeld, in dem es der Wandel der Märkte wahrscheinlich oder zumindest möglich erscheinen lässt, dass ein grundlegender Wechsel des Geschäftsmodells erforderlich wird, versuchen vor allem innovative Unternehmen, die anstehenden Veränderungen zu antizipieren und selbst gezielt voranzutreiben.

5. *Veränderungen werden zur Strategie*

   Auf der fünften und letzten Stufe schließlich wird der stete Wandel selbst zur Strategie. Hier kommen die oben beschriebenen Eigenschaften des Unternehmens der Zukunft zum Tragen.

Abb. 1 kann somit im Hinblick auf die einzelnen Stufen der ersten Dimension des strategischen Evolutionsprozesses wie in Abb. 6 gezeigt präzisiert werden. Entlang der verschiedenen Stufen lassen sich dabei zwei typische Verhaltensweisen im Umgang mit Veränderungen unterscheiden: ein programmbasierter und ein kontinuierlicher Ansatz.[16] Beide können miteinander kombiniert werden, tendenziell zeigt sich jedoch, dass die Bedeutung des programmbasierten Ansatzes von Stufe zu Stufe der Evolution immer weiter abnimmt, während die des kontinuierlichen Ansatzes vor allem ab der vierten Stufe deutlich ansteigt.

Kehren wir für einen Moment zurück zu der eingangs beschriebenen Situation von ABB im Jahr 2002 und der sich anschließenden Transformation des Konzerns durch Jürgen Dormann. Sie ist ein geradezu idealtypisches Beispiel für ein Veränderungsvorhaben, das in der Form eines Programms – also auf der Grundlage mehrerer, gezielt aufeinander abgestimmter Initiativen beziehungsweise Projekte – durchgeführt wurde. Eine

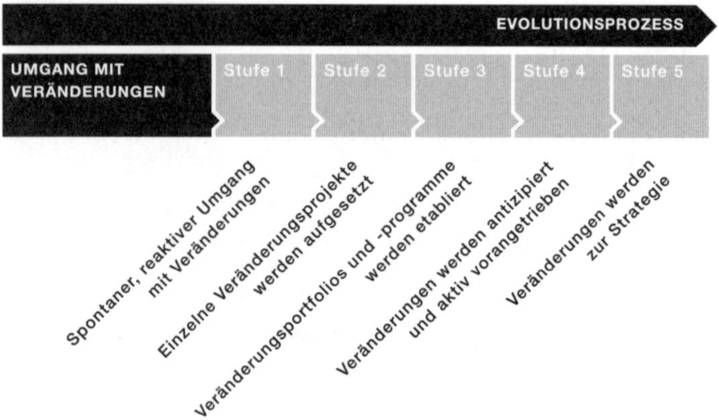

Abb. 6: Evolutionsstufen im Umgang mit Veränderungen

Vorgehensweise, die wir als *programmbasierten Ansatz* bezeichnen. Typisch für dieses Veränderungsmodell ist, dass die betreffenden Programme top-down, also in der Hierarchie eines Unternehmens von oben nach unten geplant und durchgesetzt werden. In der Regel sind mit ihnen weitreichende Veränderungsziele verbunden, sie genießen eine sehr hohe Aufmerksamkeit in den obersten Führungsebenen und sie gehen so gut wie immer mit einem massiven Druck in der eigenen Organisation einher. Immer dann, wenn eine radikale Veränderung angestrebt wird oder – wie im Fall von ABB – eine akute Krise abgewendet werden muss, ist dieser Ansatz besonders geeignet. Er verfügt über viel Macht, kann in kurzer Zeit beachtliche Ergebnisse erzielen und stellt sicher, dass das Vorhaben nicht in der Organisation „versandet". Andererseits können die Radikalität des Ansatzes, die Vorgaben von oben und die zu ihrer Durchsetzung eingesetzte Macht aber auch zu erheblichen Widerständen in der Organisation führen, die – wenn es dazu kommt – mithilfe geeigneter Methoden der Organisationsentwicklung und des Veränderungsmanagements geschickt abgefangen werden müssen.

Vor allem Veränderungsprogramme von Unternehmen, die – anders als ABB – aus einer starken Position und einer gesicherten Existenz heraus agieren, können sich deutlich von einem programmbasierten Ansatz unterscheiden. Geht es nicht in erster Linie darum, mit einer großen Kraftanstrengung massive Veränderungen in möglichst kurzer Zeit zu bewerkstelligen, haben die gewählten Ansätze häufig den Charakter eines kontinuierlich fortgeführten Verbesserungsprozesses. Dementsprechend bezeichnen wir sie als *kontinuierliche Ansätze*. Forschungsarbeiten von IBM aus dem Jahr 2006 zeigen, dass die wichtigste Quelle für Veränderungsimpulse für Vorstände aus aller Welt in der „Gesamtheit der eigenen Mitarbeiter“ liegt.[17] Veränderungsmaßnahmen, die dem kontinuierlichen Ansatz folgen, zielen darauf ab, genau dieses Potenzial systematisch auszuschöpfen. Sie wollen eine stärkere Dynamik in die eigene Mannschaft hineintragen und kulturelle Veränderungen mit einer hohen Akzeptanz und einer aktiven Beteiligung der Mitarbeiter realisieren. Gerade der letztgenannte Aspekt kann dadurch, dass alle Mitarbeiter in die Ideenfindung und -umsetzung eingebunden werden, im Rahmen einer kontinuierlichen, partizipativen Vorgehensweise besser verwirklicht werden als mit den vorgegebenen Initiativen des programmbasierten Ansatzes. Andererseits ist die Geschwindigkeit einer kontinuierlichen Veränderung meist geringer als bei einer programmbasierten Transformation – auch wenn ein kontinuierlicher Wandel in Unternehmen mit gut etablierten Veränderungsstrukturen durchaus schnell zu den gewünschten Ergebnissen führen kann. Zur Durchsetzung unpopulärer Maßnahmen, die in der Organisation keinen Rückhalt genießen, oder zur Umsetzung radikaler Veränderungen – etwa im Rahmen von Firmenübernahmen, Fusionen oder beim Verkauf von Unternehmensteilen – sind kontinuierliche Ansätze jedoch nur selten ein probates Mittel.

Eine formale Struktur zur Umsetzung des kontinuierlichen

Ansatzes bietet das sogenannte Six-Sigma- oder – wie IBM es nennt – Lean-Sigma-Modell. Six Sigma ist eine Methodik, die ihren Ursprung im Qualitätsmanagement hat. Ihr Kernelement ist die Beschreibung, Messung, Analyse, Verbesserung und Überwachung von Geschäftsvorgängen mithilfe statistischer Mittel. So wird die Güte eines Prozesses anhand verschiedener Kriterien – etwa Qualität, Kosten, Zeit und Produktivität – beurteilt. Die Kennzahl Sigma (σ) steht dabei als statistisches Symbol für die Standardabweichung – eine Maßzahl, die die Streuung einer Ergebnismessung um ihren Mittelwert zum Ausdruck bringt. Der Wert Six Sigma (6 σ) steht für einen Prozess, bei dem es in einer Million Fälle nur zu 3,4 Abweichungen vom Zielbereich kommt. Oder anders ausgedrückt: In 99,99966 Prozent der Fälle sind keine Abweichungen zu erwarten. Dies zu erreichen ist das Ziel des Six-Sigma-Ansatzes. Entwickelt wurde er in den 80er-Jahren vom Elektronikkonzern Motorola. Schnell etablierte er sich zunächst in anderen Fertigungsunternehmen, bevor er in den letzten Jahren immer stärker auch im Dienstleistungssektor aufgegriffen wurde.[18] Im folgenden Abschnitt wollen wir mit der Commerzbank ein Unternehmen vorstellen, das sich durch den Einsatz dieses Modells im Hinblick auf den Umgang mit Veränderungen im Evolutionsprozess erfolgreich weiterentwickelt.

Fokussiert auf den Wandel: Veränderungsmanagement bei der Commerzbank

„Ohne uneingeschränkten Rückhalt im Topmanagement ist Lean Sigma nicht erfolgreich.“ Stefan Rieg ist sich seiner Sache sicher. Hätte er nicht die volle Rückendeckung des Konzernvorstands Frank Annuscheit und seines Bereichsvorstands Arno Walter gehabt, dann wäre das Pilotprojekt, das der Commerzbank-Manager im Januar 2008 übernahm, kaum zu einem solchen Erfolg geworden. Und ein Erfolg – das war es allemal:

„Wir hatten schon im Piloten ein Kosten-Ertrags-Verhältnis von eins zu fünf. Das war weit mehr, als wir erwartet haben.“ Rieg weiß, wie dieses Ergebnis zustande kam: „Die Stärke von Lean Sigma ist die Durchgängigkeit von der Analyse bis hin zur Kontrolle der Umsetzung. Das zwingt alle dazu, den Projekterfolg kontinuierlich zu überprüfen.“

Das Projekt, das Stefan Rieg beschreibt, nahm im Spätherbst 2007 seinen Anfang. Damals wurde überlegt, wie man die Vorschläge der eigenen Mitarbeiter besser nutzen könne, um die Prozesse der Bank zu verbessern.

Denn – da war man sich einig – bis dato war dieses Potenzial nicht in dem Umfang in die Weiterentwicklung der Bank eingeflossen, wie man es sich wünschte. Doch wie sollte man die Situation verbessern? Frank Annuscheit, der im Vorstand der Commerzbank als „Group Chief Operating Officer“ die zentralen Servicebereiche verantwortet, gab schließlich den entscheidenden Anstoß. Er selbst hatte mit dem Einsatz der Six-Sigma-Methode sehr positive Erfahrungen gemacht. Und auch in anderem Zusammenhang hatte es bei der Commerzbank bereits einige Tests mit Six Sigma gegeben – die erzielten Erfolge blieben allerdings auf wenige Bereiche begrenzt. Man war sich jedoch bewusst, dass die Möglichkeit bestand, umfassendere Ergebnisse zu erzielen. Denn den betreffenden Projekten fehlte die volle Aufmerksamkeit und Unterstützung des Topmanagements und damit die erforderliche Durchsetzungskraft.

Angesichts der positiven Erfahrungen, von denen Annuscheit berichtete, verständigte man sich darauf, einen weiteren Anlauf zu nehmen. Diesmal aber sollten die Rahmenbedingungen so erfolgversprechend wie möglich gestaltet werden. Als Pilotumfeld wurde der Konzernbereich Organisation mit etwa 1 000 Mitarbeitern ausgewählt, der von Arno Walter geführt wird. Er selbst sollte für das Projekt auch als Sponsor und als oberstes Entscheidungsorgan fungieren.

In methodischer Hinsicht entschied man sich für den Lean-Sigma-Ansatz, bei dem die Mitarbeiter die Prozesse ihres Unternehmens entsprechend den Kunden- und Profitabilitätserwartungen in konkreten, überschaubaren Projekten optimieren. Sie nutzen dabei sowohl Werkzeuge aus dem Lean Management als auch zahlen- und faktenbasierte Tools aus dem Six-Sigma-Umfeld.[19] Wichtig bei der Vorgehensweise ist die Definition von klaren Zielen am Anfang der Projekte, die Bildung funktionsübergreifender Teams und die Sicherstellung der Nachhaltigkeit der erzielten Ergebnisse. Die stetige Verbesserung von Produktivität und Qualität gegenüber dem Wettbewerb sind dabei Ziel und Weg zugleich. Durch kontinuierlich durchgeführte Verbesserungsprojekte wird jeder Mitarbeiter zu einem Agenten der Veränderung. Wenn dieser Zustand erreicht ist, hat man die fünfte der oben beschriebenen Evolutionsstufen erreicht. Eine wesentliche Voraussetzung hierfür – das zeigt die Praxis – besteht darin, dass die Werkzeuge, die Methoden und nicht zuletzt die Sprache auf den verschiedenen Verantwortungsebenen einer Organisation akkurat beherrscht werden.

Bei der Commerzbank legte das Topmanagement großen Wert auf diesen Aspekt: Die organisatorische Gestaltungskomponente des Lean-Sigma-Ansatzes trägt entscheidend dazu bei, die Ideenpotenziale der Mitarbeiter aufzugreifen und systematisch in die Verbesserung der Organisation einfließen zu lassen. Hierzu wird eine Art Veränderungshierarchie neben der eigentlichen Unternehmenshierarchie etabliert. Ein System verschiedener Ausbildungsgrade, das sich an der Terminologie asiatischer Kampfsportarten orientiert, eröffnet engagierten Mitarbeitern die Möglichkeit, die für unterschiedliche Aufgaben erforderlichen Kompetenzen zu erwerben. So kann man sich vom Träger eines gelben Gürtels, dem „Yellow Belt", bis hin zum „Master Black Belt" fortentwickeln. Als Yellow Belt arbeitet man im Kernteam von Lean-Sigma-Projekten, als Green Belt übernimmt man neben seiner normalen Linienfunktion die Leitung klar abgegrenzter Projekte, als Black Belt verantwortet man die Planung und Durchführung großer Vorhaben und als Master Black Belt fungiert man schließlich als Mentor für mehrere Black Belts und als Coach für jüngere Projektmitglieder. Neben diesen projektbezogenen Ausbildungsgraden definiert das Lean-Sigma-Konzept konkrete Rollen auf den Führungsebenen eines Unternehmens, um die betreffenden Projekte wirkungsvoll in der Organisation zu verankern.

Die Einführung entsprechender Strukturen geht in der Regel mit einem Kulturwandel einher, denn Mitarbeiter auf allen Ebenen realisieren, dass sie zum Gestalter im eigenen Unternehmen werden können, dass sie hierfür sogar eine besondere Ausbildung erhalten und dass sie sich durch den Erwerb standardisierter Titel in der Organisation hervortun können. Auf diesen Aspekt – die Veränderung der Kultur zu mehr Eigenverantwortung und Spaß beim Mitgestalten des Unternehmens – hierauf kam es Annuscheit und seinem Team bei der Lean-Sigma-Einführung vor allem an.

Nach ersten Gesprächen mit den involvierten Bereichsleitern wurden 30 Prozesse identifiziert, die sich grundsätzlich für eine Bearbeitung durch ein Lean-Sigma-Pilotprojekt eigneten. Das Spektrum reichte von der Personalauswahl über die Verwaltung der Kundenberater in den Filialen bis hin zu Einkaufsaufgaben. Im nächsten Schritt entschied man nun gemeinsam im Management des Konzernbereichs Organisation, 13 der 30 vorgeschlagenen Prozesse tatsächlich anzugehen. Als Projektmitarbeiter und Teamleiter setzte man allein auf Mitarbeiter der operativen Ebene – der erforderliche Rückhalt aufseiten der Führung wurde durch regelmäßige Reviews und Meilenstein-Meetings sichergestellt. Diejenigen Mitarbeiter, die eines der 13 Projekte verantwortlich leiten sollten, erhielten eine Ausbildung zum Green Belt und wurden durch einen externen Master Black Belt bei der Umsetzung des Erlernten in der Praxis unterstützt.[20]

Welche weitreichenden Konsequenzen bereits aus kleineren Initiativen resultieren können, zeigt das folgende Beispiel: Um die Kunden der Commerzbank möglichst individuell und persönlich zu bedienen, wird ihnen ein bestimmter Kundenberater zugeordnet. Wenn einer dieser Berater neue Aufgaben übernimmt, zum Beispiel in einer anderen Filiale, oder wenn er aus dem Unternehmen ausscheidet, dann muss für jeden einzelnen Kunden ein entsprechender Wechsel des Beraters organisiert werden. Monat für Monat müssen bei der Commerzbank etwa 700 solcher Wechsel operativ umgesetzt werden. Für die Bank ist dies ein äußerst heikler Prozess, betrifft er doch ganz unmittelbar die sensibelste Stelle des Geschäfts – die Schnittstelle zum Kunden. Im Laufe der Jahre hatte man daher eine hochkomplexe Vorgehensweise etabliert, um auch während und nach dem Wechsel eines Kundenberaters eine erstklassige Beratungsqualität sicherzustellen. Nach und nach wurden jedoch im Ablauf des Prozesses immer mehr Korrekturzyklen erforderlich, was die beteiligten Mitarbeiter zunehmend belastete und die Abwicklung unnötig verzögerte. Im Rahmen des Lean-Sigma-Projektes analysierte man nun, an welchen Stellen im Prozess besonders häufig Nacharbeiten erforderlich waren, wie man sie vermeiden konnte und inwieweit eine Konzentration auf die wesentlichen Ergebnisse des Prozesses möglich war. Durch eine konsequente Ausrichtung aller Arbeitsschritte auf den Kunden konnten die Korrekturzyklen schließlich auf null reduziert und die Mitarbeiter entlastet werden und konnte gleichzeitig die Kundenzufriedenheit erhöht werden. Der für den Prozess verantwortliche Mitarbeiter hat heute die erforderlichen Instrumente an der Hand, um die Prozessleistung zu messen und die Abläufe auch weiterhin nachhaltig zu verbessern. Und dies ist ihm – auch nach der Beendigung des Lean-Sigma-Projektes – zu einem wirklichen Anliegen geworden. Sein Fazit spricht eine eindeutige Sprache: „Jetzt kann ich ja echt etwas bewegen!“

WISSEN:
So finden Sie die Missing Links der Veränderung

Strebt Ihr Unternehmen nach Veränderungen? Mithilfe der nachfolgend aufgeführten Checklisten können Sie sich ein Bild davon machen, welche strategische Evolutionsstufe Ihr Unternehmen anvisieren sollte, wo es heute steht und wie die aktuelle Position des Wettbewerbs einzuschätzen ist. Zur Ermittlung der strategischen Evolutionsstufe kreuzen Sie in der dafür vorgesehenen Liste diejenigen Stufenwerte an, die für Ihr Unternehmen zutreffend sind. Aus dem Durchschnitt der drei höchsten Werte ergibt sich die Stufe, die Ihr Unternehmen mit der nächsten Transformation erreichen sollte. Die derzeitige Position Ihres Unternehmens und die Ihrer Wettbewerber lassen sich mit der zweiten Liste ermitteln. Tragen Sie hierzu in die vorgesehenen Felder die Werte ein, die für Ihr Unternehmen beziehungsweise für Ihre Konkurrenz zutreffend sind. Die aktuelle Evolutionsstufe, die Ihr Unternehmen beziehungsweise Ihr Wettbewerb im Hinblick auf die Fähigkeit zur Veränderung erreicht hat, ergibt sich wiederum aus dem Durchschnitt der drei jeweils höchsten Einzelwerte.

Die Analyse der Position Ihrer Wettbewerber basiert bei dieser Vorgehensweise auf Ihren spezifischen Kenntnissen und auf Ihrem subjektiven Urteil. Zur exakten Einordnung Ihres Unternehmens im Kontext seiner Branche können Sie im Internet unter *www.missing-link-online.com* auf ein computergestütztes Tool zugreifen, das mit einer umfassenden Datensammlung zu mehr als 1 000 Unternehmen aus aller Welt hinterlegt ist.

Die strategische Evolutionsstufe der Veränderung (1/2)

Bitte kreuzen Sie jeweils den Stufenwert an, der für Ihr Unternehmen zutreffend ist.

Stufe 1	Stufe 2	Stufe 3	Stufe 4	Stufe 5
Spontaner, reaktiver Umgang mit Veränderungen	*Einzelne Veränderungsprojekte werden aufgesetzt*	*Veränderungsportfolios und -programme werden etabliert*	*Veränderungen werden antizipiert und aktiv vorangetrieben*	*Veränderungen werden zur Strategie*

<table>
<tr><th colspan="5">Tragen Sie hier bitte die Branche ein, in der Ihr Unternehmen tätig ist.</th></tr>
<tr><td colspan="5">________________________________</td></tr>
<tr><th colspan="5">Wie bedeutend schätzen Sie in Ihrer Branche – im Hinblick auf den wirtschaftlichen Erfolg in den nächsten fünf Jahren – die Fähigkeit ein, Veränderungen zu handhaben?</th></tr>
<tr><td>Ohne Bedeutung oder sehr geringe Bedeutung ☐</td><td>Geringe Bedeutung ☐</td><td>Mittlere Bedeutung ☐</td><td>Hohe Bedeutung ☐</td><td>Erfolgskritisch ☐</td></tr>
<tr><th colspan="5">Welcher der folgenden Gruppen rechnen Sie Ihr Unternehmen in Bezug auf die Übernahme von Neuerungen zu?</th></tr>
<tr><td>Nachzügler (16 %) ☐</td><td>Späte Mehrheit (34 %) ☐</td><td>Frühe Mehrheit (34 %) ☐</td><td>Frühe Übernehmer (15 %) ☐</td><td>Innovatoren (5 %) ☐</td></tr>
<tr><th colspan="5">Wie hoch ist der Grad der Unsicherheit, den Sie für Ihre Branche in den nächsten fünf Jahren voraussehen?</th></tr>
<tr><td>Keine: Die Branche wird so arbeiten wie bisher ☐</td><td>Gering: Nur inkrementelle Veränderungen ☐</td><td>Mittel: Neue Produkte und Dienstleistungen werden entstehen ☐</td><td>Hoch: Neue Geschäftsmodelle werden entstehen ☐</td><td>Sehr hoch: Die Branche wird auf den Kopf gestellt ☐</td></tr>
</table>

Die strategische Evolutionsstufe der Veränderung (2/2)

Bitte kreuzen Sie jeweils den Stufenwert an, der für Ihr Unternehmen zutreffend ist.

Stufe 1	Stufe 2	Stufe 3	Stufe 4	Stufe 5
Spontaner, reaktiver Umgang mit Veränderungen	*Einzelne Veränderungsprojekte werden aufgesetzt*	*Veränderungsportfolios und -programme werden etabliert*	*Veränderungen werden antizipiert und aktiv vorangetrieben*	*Veränderungen werden zur Strategie*

Welche Bedeutung besitzt die Unternehmenskultur für den wirtschaftlichen Erfolg eines Unternehmens in Ihrer Branche?				
Die Kultur spielt keine Rolle ☐	Die Kultur ist von geringer Bedeutung ☐	Die Kultur ist von Bedeutung ☐	Die Kultur ist von großer Bedeutung ☐	Die Kultur ist ein Differenzierungskriterium ☐
Wenn Sie die strategische Stoßrichtung bedenken, in die Sie Ihr Geschäftsmodell zukünftig entwickeln wollen, sind die Grundwerte und Ideale Ihrer Mitarbeiter eher eine treibende Kraft oder ein Hemmnis?				
Eine treibende Kraft: Wir haben genau die richtige Kultur ☐	Tendenziell eine treibende Kraft ☐	Weder noch ☐	Tendenziell ein Hemmnis ☐	Ein Hemmnis: Unsere Kultur bremst uns aus ☐

Strategische Evolutionsstufe des eigenen Unternehmens: ________

Die strategische Evolutionsstufe, die Ihr Unternehmen im Hinblick auf den Umgang mit Veränderungen anstreben sollte, ergibt sich aus dem Durchschnitt der drei höchsten Stufenwerte, die von Ihnen angekreuzt wurden.

Die aktuelle Evolutionsstufe der Veränderung (1/2)

Tragen Sie in die vorgesehenen Felder die Werte ein, die für Ihr Unternehmen beziehungsweise für Ihre Wettbewerber zutreffend sind.

Stufe 1	Stufe 2	Stufe 3	Stufe 4	Stufe 5
Spontaner, reaktiver Umgang mit Veränderungen	*Einzelne Veränderungsprojekte werden aufgesetzt*	*Veränderungsportfolios und -programme werden etabliert*	*Veränderungen werden antizipiert und aktiv vorangetrieben*	*Veränderungen werden zur Strategie*

Tragen Sie hier bitte die Branche ein, in der Ihr Unternehmen tätig ist.
____

Wachstumsschwache und/oder unprofitable Geschäfte Ihres eigenen Unternehmens/Ihres Wettbewerbs werden konsequent eingestellt, Kooperations- und Akquisitionschancen schnell genutzt.				
Trifft nicht zu				Trifft voll zu
1	2	3	4	5
			Bitte Wert für eigenes Unternehmen eintragen:	______
			Bitte Wert für Wettbewerber eintragen:	______

Die Strukturen, Prozesse und Systeme Ihres Unternehmens/Ihres Wettbewerbs sind transparent und modular aufgebaut, sodass ein schneller Umbau möglich ist, neue Elemente schnell integriert und überkommene Elemente schnell abgestoßen werden können.				
Trifft nicht zu				Trifft voll zu
1	2	3	4	5
			Bitte Wert für eigenes Unternehmen eintragen:	______
			Bitte Wert für Wettbewerber eintragen:	______

Die Mitarbeiter und Führungskräfte Ihres Unternehmens/Ihres Wettbewerbs tragen Veränderungen auf breiter Front mit, geben sogar Anstoß zu Veränderungen und agieren wie ein Unternehmer.				
Trifft nicht zu				Trifft voll zu
1	2	3	4	5
			Bitte Wert für eigenes Unternehmen eintragen:	____
			Bitte Wert für Wettbewerber eintragen:	____

Die aktuelle Evolutionsstufe der Veränderung (2/2)

Tragen Sie in die vorgesehenen Felder die Werte ein, die für Ihr Unternehmen beziehungsweise für Ihre Wettbewerber zutreffend sind.

Stufe 1	Stufe 2	Stufe 3	Stufe 4	Stufe 5
Spontaner, reaktiver Umgang mit Veränderungen	*Einzelne Veränderungsprojekte werden aufgesetzt*	*Veränderungsportfolios und -programme werden etabliert*	*Veränderungen werden antizipiert und aktiv vorangetrieben*	*Veränderungen werden zur Strategie*

Unternehmensinitiativen werden in Ihrem Unternehmen/von Ihrem Wettbewerb schnell entschieden und dann innerhalb der geplanten Zeit, im kalkulierten Budget und gemäß den festgelegten Spezifikationen umgesetzt.				
Trifft nicht zu				Trifft voll zu
1	2	3	4	5
Bitte Wert für eigenes Unternehmen eintragen:				________
Bitte Wert für Wettbewerber eintragen:				________
Die Fähigkeit zum Wandel ist Teil des Wertesystems Ihres Unternehmens/Ihres Wettbewerbs, und Veränderungen werden regelmäßig und offen kommuniziert.				
Trifft nicht zu				Trifft voll zu
1	2	3	4	5
Bitte Wert für eigenes Unternehmen eintragen:				________
Bitte Wert für Wettbewerber eintragen:				________

Aktuelle Evolutionsstufe des eigenen Unternehmens:	________
Aktuelle Evolutionsstufe der Wettbewerber:	________

Die aktuellen Evolutionsstufen Ihres Unternehmens und Ihrer Wettbewerber ergeben sich aus dem Durchschnitt der drei jeweils höchsten Stufenwerte. Eine exakte Einordnung Ihres Unternehmens im Kontext seiner Branche können Sie unter *www.missing-link-online.com* vornehmen.

✔ HANDELN:

So überwinden Sie die Missing Links der Veränderung

Ob in Ihrem Unternehmen im Hinblick auf den Umgang mit Veränderungen ein Missing Link besteht, welches Ausmaß er gegebenenfalls besitzt und welche Dringlichkeit, das lässt sich anhand der zwei im vorangegangenen Kapitel beschriebenen Kennzahlen ermitteln: Das Ausmaß errechnet sich, indem Sie den aktuellen Stufenwert Ihres Unternehmens vom angestrebten Stufenwert subtrahieren (strategische Evolutionsstufe – aktuelle Evolutionsstufe). Ist der Wert größer null, dann liegt ein Missing Link vor. Sein Ausmaß ist umso größer, je höher der ermittelte Wert ausfällt. Die Dringlichkeit erhalten Sie, indem Sie das Ausmaß des Missing Link mit dem aktuellen Stufenwert der Konkurrenz multiplizieren und durch die eigene aktuelle Evolutionsstufe dividieren. Auch die Dringlichkeit ist umso größer, je höher der Wert ist, den ihre Kennzahl annimmt. Die letztendliche Priorität, mit der die Transformation eines Missing Link verfolgt werden sollte, lässt sich jedoch erst durch einen Vergleich mit den Dringlichkeiten der Missing Links auf den übrigen Dimensionen des Evolutionsprozesses ermitteln.

Auf der Grundlage unserer Checklisten haben Sie nun gegebenenfalls einen Missing Link in Ihrem Unternehmen identifiziert. Das erhöht zwar bereits die Transparenz, doch das Wissen um eine strategische Lücke allein ist nicht genug. Gelöst ist das Problem erst dann, wenn die Lücke geschlossen ist. Was also ist zu tun, um den Missing Link zu überwinden? Je nachdem, welche Stufe das eigene Unternehmen bereits erreicht hat und welche es in Zukunft erreichen muss, können beziehungsweise müssen unterschiedliche Maßnahmen ergriffen werden, um einen Missing Link in einen Connecting Link zu transformieren. Die vier im vorangegangenen Kapitel beschriebenen Handlungsfelder geben dabei den Aktionsrahmen vor: Strategie, Mitarbeiter, Prozesse und Technologie. Was in den einzelnen Feldern im Hinblick auf den Umgang mit Veränderungen genau zu tun ist, das haben wir im Folgenden zusammengefasst. Bei der Transformation von einer Stufe zur nächsten sollten Sie dabei sicherstellen, dass auch sämtliche Maßnahmen der vorausgegangenen Transformationen umgesetzt wurden. Ist dies nicht der Fall, müssen auch diese im Rahmen der anstehenden Transformation nachträglich umgesetzt werden.

Was ist zu tun – wenn Sie Stufe 1 noch nicht erreicht haben?

- *Strategie:* Stellen Sie einen klaren Zwei- bis Fünfjahresplan auf, der die Herausforderungen des Wettbewerbs und die innerhalb des gewählten Zeitraums zu erwartenden Veränderungen der Märkte systematisch erfasst.
- *Mitarbeiter:* Konzipieren Sie Schulungen und Trainings, in denen Sie Ihren Mitarbeitern umfassende Qualifikationen im Projektmanagement und im Veränderungsmanagement vermitteln. Schulen Sie Ihre Mitarbeiter zudem im strategischen Denken und in der Strategieentwicklung.
- *Prozesse:* Konzipieren Sie einen expliziten, klaren Strategieentwicklungsprozess und setzen Sie diesen unternehmensweit um. Definieren Sie zudem Prozesse für das Veränderungs- und für das Projektmanagement, und sorgen Sie dafür, dass diese Prozesse unternehmensweit konsistent angewendet werden.
- *Technologie:* Stellen Sie einen Zwei- bis Fünfjahresplan auf, der den Rahmen für die zukünftige technologische Architektur Ihres Unternehmens setzt. Stellen Sie zudem sicher, dass eine ausreichende technologische Beweglichkeit vorhanden

ist, um einzelne, spezifische Geschäftsinitiativen zu unterstützen.

Was ist zu tun – zur Transformation von Stufe 1 zu Stufe 2?

- *Strategie:* Konzipieren Sie konsistente Vorgehensweisen, um Veränderungsprojekte über Ihr gesamtes Geschäft hinweg zu planen, zu steuern und um ihren Fortschritt zu kontrollieren.
- *Mitarbeiter:* Konzipieren Sie Schulungen und Trainingsmaßnahmen, die Ihren Mitarbeitern die Qualifikationen für ein koordiniertes Management unterschiedlicher, parallel ablaufender Projekte und Veränderungsmaßnahmen vermitteln. Fördern Sie ganz gezielt eine Kultur, in der die Zusammenarbeit innerhalb des Unternehmens, aber auch über die Unternehmensgrenzen hinaus aktiv gelebt wird.
- *Prozesse:* Nehmen Sie das Projektmanagement und das Veränderungsmanagement explizit als wesentlichen Bestandteil in Ihren strategischen Planungsprozess auf.
- *Technologie:* Stellen Sie detaillierte Quartalspläne zur kontinuierlichen Weiterentwicklung Ihrer IT-Landschaft auf. Etablieren Sie zudem die erforderliche technologische Beweglichkeit, um geschäftsbereichsübergreifende Aktivitäten und Programme voranzutreiben.

Was ist zu tun – zur Transformation von Stufe 2 zu Stufe 3?

- *Strategie:* Verbinden Sie das Veränderungsprogramm Ihres Unternehmens so eng wie möglich mit Ihren Geschäftsstrategien. Entwickeln Sie zudem Strategien und Veränderungsoptionen für verschiedene Geschäftsszenarien. Stellen Sie ein Veränderungsportfolio auf, in dem Sie sämtliche Veränderungsprojekte Ihres Unternehmens systematisieren und priorisieren.

- *Mitarbeiter:* Motivieren Sie Ihre Mitarbeiter dazu, bestehende Denkmuster aufzubrechen und „über den Tellerrand hinauszuschauen“. Bringen Sie die Verantwortlichen für das Veränderungsmanagement und für die strategische Planung zusammen – kulturell und gegebenenfalls organisatorisch.
- *Prozesse:* Etablieren Sie Prozesse, die sicherstellen, dass Ihre Strategien im Unternehmen umfassend kommuniziert werden. Achten Sie darauf, dass alle Prozesse so ausgelegt sind, dass das Ergebnis eines Projektes immer vor dem Hintergrund der zugrunde liegenden strategischen Ziele bewertet wird.
- *Technologie:* Treiben Sie IT-Initiativen voran, die darauf angelegt sind, neue Technologien in Ihr Unternehmen einfließen zu lassen, die Ihr Geschäft und Ihre Innovationskraft verbessern. Setzen Sie zudem verstärkt auf solche Technologien, die die Zusammenarbeit in Ihrem Unternehmen und mit externen Partnern fördern.

Was ist zu tun – zur Transformation von Stufe 3 zu Stufe 4?

- *Strategie:* Setzen Sie bewusst auf solche Veränderungsprogramme, die die Strukturen Ihrer Branche und der Geschäftsmodelle Ihrer Wettbewerber aufbrechen.
- *Mitarbeiter:* Fördern Sie eine facettenreiche Mitarbeiterkultur mit unterschiedlichsten Qualifikationen. Motivieren Sie Ihre Mitarbeiter dazu, Risiken einzugehen, und belohnen Sie innovative Ideen.
- *Prozesse:* Bauen Sie den Innovationsprozess Ihres Unternehmens weiter aus und etablieren Sie Prozesse, die eine enge Zusammenarbeit Ihrer Mitarbeiter fördern.
- *Technologie:* Führen Sie im großen Stil explorative Studien durch, um Technologien ausfindig zu machen, die dazu ge-

eignet sind, Ihr Branchenmodell aufzubrechen. Etablieren Sie zudem eine flexible IT-Infrastruktur, die dazu geeignet ist, einen kontinuierlichen Wandel zu unterstützen.

Was ist zu tun – zur Transformation von Stufe 4 zu Stufe 5?

- *Strategie:* Verankern Sie die Voraussetzungen für einen kontinuierlichen, schöpferisch-zerstörerischen Wandel in der Kultur Ihres Unternehmens.
- *Mitarbeiter:* Stellen Sie visionäre, herausfordernde Persönlichkeiten ein, gewähren Sie ihnen den erforderlichen Freiraum, um einen tief greifenden Wandel in die Organisation zu tragen, und zeigen Sie ehrlichen Respekt für ihre Ideen und Handlungen.
- *Prozesse:* Etablieren Sie Prozesse, die – für alle sichtbar – dazu beitragen, dass immer neue Ideen generiert werden, die sich schnell ausschöpfen lassen. Konzipieren Sie zudem Prozesse, die – intern und in der Zusammenarbeit mit Partnern – sicherstellen, dass sich Ihr Unternehmen schnell an sich häufig ändernde Geschäftsmodelle anpassen kann.
- *Technologie:* Setzen Sie solche Technologien wirkungsvoll zum eigenen Vorteil ein, die bestehende Branchenstrukturen aufbrechen und neue entstehen lassen. Etablieren Sie zudem eine anpassungsfähige IT-Infrastruktur, die dazu geeignet ist, veränderte Geschäftsmodelle zu unterstützen.

Je weiter ein Unternehmen im Evolutionsprozess voranschreitet, desto häufiger und intensiver wird es mit Veränderungen konfrontiert – und desto bedeutender ist seine Fähigkeit, einen permanenten Wandel zu meistern. Wie schwierig es ist, Veränderungen zu einem nachhaltigen Erfolg zu führen, das belegen seit Jahren immer neue Studien zu den Erfolgen und

Misserfolgen von Veränderungsprojekten. Egal, in welchem Bereich die untersuchten Veränderungen angesiedelt sind, meist sind es deutlich mehr als die Hälfte, die im Nachhinein als Fehlschlag eingestuft werden müssen. So erreichen zum Beispiel knapp 60 Prozent aller Fusionen und Übernahmen nicht die in sie gesetzten Erwartungen.[21] Von Projekten, die eine Umgestaltung der betrieblichen Prozesse zum Ziel haben, scheitern gar 70 bis 80 Prozent. Zu diesen ernüchternden Zahlen kommt nicht irgendwer – sie stammen von Michael Hammer und James Champy, zwei ausgewiesenen Experten, die mit ihrem „Reengineering-Ansatz" die Prozessoptimierung Anfang der 90er-Jahre quasi neu erfunden haben.[22]

Wie schwierig das Durchsetzen von Veränderungen ist, das hat bereits Niccolò Machiavelli in seinem Werk *Il Principe* anschaulich beschrieben. Seine Gedanken sind auch fast 500 Jahre nach ihrem Erscheinen noch erstaunlich aktuell: „Man muss sich nämlich darüber im Klaren sein, dass es kein schwierigeres Wagnis, keinen zweifelhafteren Erfolg und keinen gefährlicheren Versuch gibt, als eine neue Ordnung einzuführen. Denn jeder Neuerer hat alle die zu Feinden, die von der alten Ordnung Vorteile hatten, und er hat in jenen nur laue Verteidiger, die sich von der neuen Ordnung Vorteile erhoffen. Diese Lauheit kommt zum Teil von der Furcht vor den Gegnern, teils von dem Misstrauen der Menschen, die wirkliches Zutrauen zu den neuen Verhältnissen erst haben, wenn sie von deren Dauerhaftigkeit überzeugt worden sind. Daher kommt es, dass die Feinde der neuen Ordnung diese bei jeder Gelegenheit mit aller Leidenschaft angreifen und die anderen sie nur schwach verteidigen."

Jede Veränderung hat zunächst einen negativen Einfluss auf die Produktivität der betroffenen Organisationseinheit. Das ist ganz natürlich, denn die Aufmerksamkeit der Mitarbeiter wird vom Tagesgeschäft abgelenkt, sie müssen sich in neue Abläufe und Tätigkeiten einarbeiten, Schulungen durchlaufen und dergleichen mehr (siehe Abb. 7). Trotzdem wird nicht selten erwartet, dass der Wandel ohne eine Beeinträchtigung des laufenden Geschäfts quasi nebenbei vonstattengehen soll. Doch eine Veränderung der Abläufe, Strukturen und Geschäftsmodelle eines Unternehmens gleicht im übertragenen Sinne dem Umbau eines Motors – bei voller Fahrt auf der Autobahn.

Nachdem wir uns oben mit den Charakteristika auseinandergesetzt haben, die das Unternehmen der Zukunft aufweisen wird, wollen wir uns im Folgenden damit befassen, wie ein konkretes Veränderungsprojekt ablaufen sollte, und eine praxiserprobte Systematik vorstellen, mit deren Hilfe seine Erfolgsaussichten maßgeblich gesteigert werden können. Angesichts der vielfältigen Facetten und der Dynamik von Veränderungsprojekten kann und soll diese Systematik indes nicht mehr als eine grobe Richtschnur vorgeben, an der sich ein Unternehmen orientieren kann, um die wichtigsten Teilaspekte von Veränderungsprojekten zu erfassen. Wir nutzen hierfür ein Modell, das in der Form einer Checkliste abgearbeitet werden kann. Dabei unterscheiden wir (a) vorbereitende Maßnahmen, (b) begleitende Maßnahmen und (c) Erfolgsfaktoren der Veränderung.[23]

(a) Vorbereitende Maßnahmen

Gibt es eine klar kommunizierte Vision? Existieren eindeutige Erwartungen mit konkreten Zielvorgaben? Sind die Verantwortungsbereiche für die Veränderung klar definiert und für alle transparent? Wurde die Komplexität der Projektumgebung angemessen berücksichtigt? Sind die wichtigsten Abhängigkeiten erfasst und die bestehenden Risiken dokumentiert? Ist das Change Management integraler Bestandteil der Projektsteuerung und methodisch eng mit dem Projektmanagement verzahnt? Sind zu erwartende kulturelle Widerstände bekannt und wurde eine entsprechende Strategie entwickelt? Wurde die Veränderungsfähigkeit und -bereitschaft in der betroffenen Organisa-

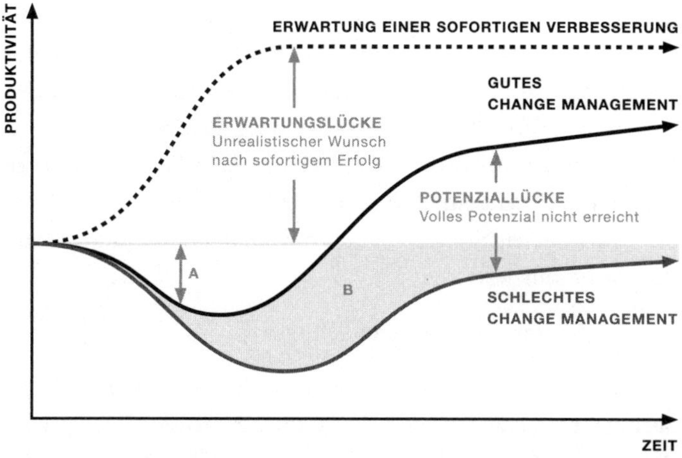

A PRODUKTIVITÄTSLÜCKE – Qualität und Produktivität sinken zunächst
B VERMEIDBARER PRODUKTIVITÄTSEINBRUCH

Abb. 7: Produktivität im Laufe von Veränderungen

tionseinheit ermittelt? Wurden daraus entsprechende Maßnahmen abgeleitet? Wurden Change Agents aus der Organisation identifiziert und aktiv eingebunden?

(b) Begleitende Maßnahmen

Hat sich die Führung des Unternehmens ausdrücklich zu den bevorstehenden Veränderungen bekannt – das heißt, ist das Projekt wirklich auf der internen „Topagenda“? Wird die Unterstützung des Projektes vom Topmanagement authentisch vorgelebt oder lediglich an Stellvertreter delegiert, in Newslettern bejaht und in Frontalveranstaltungen zur Schau gestellt? Erfolgt die Kommunikation – auch die schlechter Nachrichten – rechtzeitig, ehrlich und offen? Sind persönliche Kommunikation und individuelles Feedback zentrale Bestandteile der Kommunikationsstrategie? Ist auch die informelle Kommunikation Teil der Kommunikationsstrategie? Wird sie aktiv unterstützt und für Feedback genutzt? Werden die Mitarbeiter aktiv in den Veränderungsprozess eingebunden oder wird eine Einbindung nur nach außen „zelebriert“? Sind der Projektverlauf und die Arbeit der Projektgruppe für die Betroffenen ausreichend transparent? Werden fachliche Experten eingebunden? Wird bei externen Experten der beidseitige Wissenstransfer sichergestellt? Wurde der individuelle Nutzen für jeden Beteiligten formuliert und klar kommuniziert?

(c) Erfolgsfaktoren der Veränderung

Existiert in der Organisation ein ausreichendes Bewusstsein für die mit einer Veränderung einhergehende Herausforderung? Werden mindestens zehn Prozent des Projektbudgets für das Veränderungsmanagement eingesetzt? Wird eine konkrete, formale Vorgehensweise für das Veränderungsmanagement konsistent angewendet?

Im Folgenden wollen wir an einem Beispiel verdeutlichen, wie ein Veränderungsprojekt in der Praxis erfolgreich gemanagt werden kann. Wir haben hierzu mit der Landwirtschaftlichen Sozialversicherung eine Organisation ausgewählt, die im öffentlichen Bereich angesiedelt ist – einem Bereich, der als besonders schwieriges Feld für Veränderungen gilt. Ihren Wandel wollen wir mit einem speziellen Blick auf die besonderen Herausforderungen betrachten, die ein Veränderungsprojekt an die IT einer Organisation stellen kann.

Stabilität durch gezielten Wandel: die Landwirtschaftliche Sozialversicherung

Am Donnerstag, den 8. November 2007, brachte der Deutsche Bundestag eine Reform auf den Weg, die die Regierung zu einem ihrer Schwerpunktthemen erklärt hatte. Horst Seehofer, damals Bundesminister für Ernährung, Landwirtschaft und Verbraucherschutz, und Franz Thönnes, Parlamentarischer Staatssekretär im Bundesministerium für Arbeit und Soziales, ließen – sichtlich erfreut über den zügigen Verlauf der Debatte – verlauten, dass sie einen „Grundstein für ein modernes und zukunftsfestes agrarsoziales Sicherungssystem gelegt" hatten.[24]

Am 1. Januar 2008 trat das „Gesetz zur Modernisierung des Rechts der landwirtschaftlichen Sozialversicherung", so der etwas sperrige Name des wegweisenden Werkes, das Seehofer und Thönnes so beglückte, schließlich in Kraft. Erklärtes Ziel der Reform, die durch das Gesetz geregelt wird, ist die „Stabilisierung der Landwirtschaftlichen Sozialversicherung".[25] Die Vokabel Stabilisierung meint in der Sprache der Politik indes nicht, dass alles so bleibt, wie es ist. Im Gegenteil, für die LSV, wie sich die Versicherung kurz nennt, sollte sich einiges verändern.

Die LSV ist eine historisch gewachsene, föderal organisierte Sozialversicherung für Landwirte, Förster, Gärtner und ihre Familien. Anders als im Fall der allgemeinen deutschen Sozialversicherung werden von den regionalen Trägern der LSV – etwa der LSV Nordrhein-Westfalen oder der LSV Franken und Oberbayern – alle relevanten Sozialversicherungsleistungen für die genannten Berufsgruppen aus einer Hand erbracht; die Rentenversicherung ebenso wie die Unfall-, Kranken- und Pflegeversicherung. Durch den Strukturwandel in der Landwirtschaft ist die Finanzierung der LSV nur durch finanzielle Hilfen aus dem Etat des Bundesministeriums für Ernährung, Landwirtschaft und Verbraucherschutz möglich. Um die Belastungen für den

Bund zu begrenzen, hatte man bereits im Jahr 2001 eine erste Konsolidierung vorgenommen und die bis dahin 17 regionalen Träger auf neun reduziert – um „schlanke, zukunftssichere Strukturen“ zu schaffen, wie es damals hieß. Sechs Jahre später musste man jedoch eingestehen, dass dieses Ziel nicht in dem Ausmaß erreicht werden konnte, wie man es sich erhofft hatte. Und so setzte man die Zusammenlegung auf einer anderen Ebene der Verwaltungsstrukturen fort.

Nun sollen die drei Spitzenverbände der LSV – der Bundesverband der landwirtschaftlichen Berufsgenossenschaften, der Gesamtverband der landwirtschaftlichen Alterskassen und der Bundesverband der landwirtschaftlichen Kranken- und Pflegekassen – zu einer einzigen Spitzenorganisation für die gesamte LSV zusammengefasst werden. Und auf diesen neuen Spitzenverband, das hatte man in der parlamentarischen Debatte beschlossen, sollten aus Gründen der Effektivität und der Wirtschaftlichkeit eine Reihe neuer Aufgaben übertragen werden – etwa die Koordination von Präventionsmaßnahmen oder der Erlass von Vorgaben für das Einfordern von Außenständen. „Diese Aufgabenübertragung ermöglicht die Nutzung organisatorischer Synergieeffekte und die Erschließung eines beträchtlichen Einsparungspotenzials“, erläuterte Seehofer 2007 die gerade verkündeten Maßnahmen.[26]

Statt der proklamierten Stabilität setzte man also auf Synergieeffekte und Einsparungen? Nein, denn genau genommen wollte man beides: zusätzliche Stabilität und – beziehungsweise durch – gezielte Veränderungen. Konkret bestand das Ziel darin, finanzielle Stabilität zu erreichen, indem man die Organisation der Versicherung neu strukturierte. Dies war indes auch dringend erforderlich. Denn die LSV arbeitete mit ihrem Haushaltsvolumen von über sechs Milliarden Euro nicht effizient genug. Die Verwaltungskosten ihrer Krankenkassen etwa waren höher als die der allgemeinen Krankenkassen. Und das, obwohl die

LSV gegenüber den allgemeinen Krankenkassen eine Reihe von Vorteilen besitzt. Etwa die kostengünstige Nutzung von Geschäftsstellen der Bauernverbände oder den Umstand, dass sie nicht im Wettbewerb mit anderen Kassen steht, da ihre Mitglieder per Gesetz und ohne Wahlrecht zugewiesen werden. Und dennoch lagen ihre Verwaltungskosten nach den amtlichen Statistiken zu hoch. Während die allgemeinen Krankenkassen im Jahr 2006 je Mitglied rund 160 Euro für ihre Verwaltung ausgaben, lag der entsprechende Betrag der landwirtschaftlichen Krankenkassen bei über 187 Euro.

Und so wurde entschieden, dass die Träger der LSV ihre administrativen Kosten um 20 Prozent reduzieren sollten – durch eine Neuorganisation der Verwaltungsstrukturen und -prozesse. Im Mittelpunkt stehen dabei die Bündelung sogenannter Grundsatz- und Querschnittsaufgaben und eine organisatorische Konzentration spezialisierter Tätigkeiten. Allen voran ist hiervon der IT-Bereich der LSV betroffen. Er besteht aus mehreren Entwicklungszentren der regionalen Träger und einem überregionalen Informatikzentrum. Sie alle sollen nun zu einer zentral gesteuerten Einheit zusammengeführt werden. Keine leichte Aufgabe, denn die Tätigkeitsschwerpunkte sind grundverschieden. Während die regionalen Entwicklungszentren ihren Fokus auf die praktische Durchführung von IT-Entwicklungsprojekten legen, konzentriert sich das Informatikzentrum auf die Definition und Überwachung übergeordneter Prozesse und Richtlinien. Konflikte sind vermutlich vorprogrammiert. Zumal durch die Zusammenführung der IT-Zentren auch eine Stellenreduzierung vorgesehen ist.

In einem ersten Anlauf erarbeitete die LSV eine neue IT-Struktur in einem internen Workshop. Hierzu trafen sich rund zehn Mitarbeiter des Informatikzentrums und aus den Entwicklungszentren der LSV-Träger im fränkischen Städtchen Hammelburg, um eine neue Aufbauorganisation zu entwerfen.

Das daraus hervorgegangene „Hammelburg-Modell" war jedoch mit einigen Schwächen behaftet und die Verantwortlichen erkannten schnell, dass eine Umsetzung nicht die möglichen Optimierungspotenziale ausschöpfen würde. Man war in eine typische Falle des Veränderungsmanagements getappt, denn in Hammelburg wurde nicht eine optimale Lösung, sondern – ausgehend vom Status quo – ein Modell erarbeitet, indem für die bisherigen Mitarbeiter passende Stellen geschaffen wurden.

In der Folge setzte man ein professionelles Veränderungsprojekt auf, das sich an der im vorangegangenen Abschnitt beschriebenen Systematik aus vorbereitenden Maßnahmen, begleitenden Elementen und grundsätzlichen Erfolgsfaktoren orientierte. Entsprechend unterteilte man das Projekt in zwei Phasen – eine konzeptionelle und eine, in der das entwickelte Konzept umgesetzt wird. Im Rahmen der vorbereitenden Maßnahmen, die die anstehenden Veränderungen in die gewünschten Bahnen lenken sollten, konnte man auf eindeutigen Zielvorgaben aufbauen, die das LSV-Modernisierungsgesetz an die IT der Sozialkasse richtete. Auch die Verantwortungsbereiche für die Veränderung waren klar definiert.

Inhaltlich ging es nun vor allem darum, die Komplexität der Projektumgebung und die wichtigsten Abhängigkeiten zwischen den bestehenden IT-Zentren zu erfassen und in ein neues IT-Modell mit zentraler Steuerung zu überführen. Die schwierigste Aufgabe jedoch bestand darin, die Veränderungsfähigkeit der betroffenen Abteilungen einzuschätzen und entsprechende Maßnahmen zu gestalten, die eine Umsetzung der entwickelten Konzeption sicherstellen konnten. Denn gerade mit der Umsetzung hatte man in der Vergangenheit einige schlechte Erfahrungen gemacht. Um dies in Zukunft zu vermeiden, begann man das Projekt mit einer ausgiebigen Analyse der wichtigsten Veränderungsbarrieren. Für die Gestaltung des neuen IT-Modells war es von zentraler Bedeutung, ein einheitliches Verständnis im Hinblick auf die erforderliche Leistungsfähigkeit der zukünftigen IT-Organisation zu etablieren. Die Erkenntnisse aus der Analyse wurden dann in der neuen Organisation abgebildet. Es stellte sich heraus, dass die LSV in ihrer IT zwar viele Führungskräfte und viele qualifizierte Fachkräfte für die Umsetzung der Projekte beschäftigte, aber zu wenige IT-Architekten – praxiserfahrene Generalisten, die sowohl die Planung als auch die Steuerung der komplexen Umsetzungsvorhaben verantworten können. Zudem zeigte sich, dass in den laufenden Großprojekten die Verfahren des Veränderungsmanagements nicht effizient eingesetzt wurden. Damit waren wichtige Vorbedingungen für eine erfolgreiche Umsetzung der Projekte nur unzureichend erfüllt, was in der Vergangenheit zu erheblichen Verzögerungen geführt hatte.

Die wichtigsten der identifizierten Anforderungen wurden in dem neuen IT-Modell abgebildet und in einem Maßnahmenkatalog für die Umsetzung operationalisiert. Im Rahmen der Umsetzungsphase wurden die priorisierten Maßnahmen abgearbeitet. Einen Schwerpunkt setzte man auf die Gestaltung der persönlichen Kommunikation und eine aktive Einbindung der betroffenen Mitarbeiter in den Veränderungsprozess. So musste insbesondere sichergestellt werden, dass das neue Team der LSV in der späteren Zusammenarbeit über die verschiedenen Standorte hinweg auch funktioniert. Um dies zu gewährleisten, setzte die LSV auf eine gezielte Stärkung der Sozialkompetenzen durch spezielle Trainings des künftigen Führungsteams. So konnte auch die informelle Kommunikation aktiv unterstützt und als Feedback-Kanal genutzt werden. Natürlich kam es im Rahmen der Umsetzung auch zu Widerständen unter den Mitarbeitern. Doch dadurch, dass man sich bereits im Vorfeld darauf eingestellt hatte, wo diese zu erwarten waren und wie man sie überwinden kann, konnte das Projekt auch in schwierigen Phasen im Plan gehalten werden. „Es ist uns gelungen, die Entscheidungsgremien der LSV von der Notwendigkeit einer optimierten IT-Organisation mit der Konzentration auf wenige IT-Standorte zu überzeugen", sagt Bernhard Oks, der bei der LSV den Bereich Informationstechnik leitet. „Auch die Mehrzahl der Mitarbeiterinnen und Mitarbeiter bringen sich nach anfänglicher Skepsis aktiv in den Veränderungsprozess ein."

Die Fähigkeit zur Innovation: das Buch der 96 Narren

„Die beste Art, die Zukunft vorauszusagen", sinnierte einst der renommierte amerikanische Computerwissenschaftler Alan Kay, „besteht darin, die Zukunft zu erfinden." Mit diesen Worten beschreibt er mehr als treffend, mit welchem Selbstverständnis im Unternehmen der Zukunft Innovationen gefördert und gefordert werden. Denn das Unternehmen der Zukunft – wir hatten es im vorangegangenen Kapitel bereits angeführt – ist innovativer, als es seine Kunden von ihm erwarten. Es denkt einen Schritt weiter, als dies seine Abnehmer tun, und überrascht sie mit Produkten und Leistungen, die über das, was sich der Markt erhofft, weit hinausgehen. Im Grunde sollte man vermuten, dass eine solche Haltung grundsätzlich auf eine positive Resonanz stößt. Dass dem in der Praxis nicht immer so ist, dass mit diesem Innovationsverständnis sogar Gefahren verbunden sein können, das belegen die zahlreichen, wegweisenden Erfindungen, die ihrer Zeit so weit voraus waren, dass es lange dauerte, bis man ihren wahren Wert erkannte.

Im wahrsten Sinne der Zeit voraus war zum Beispiel die Firma Junghans, als sie in ihrem Katalog 1927 erstmals eine Armbanduhr vorstellte. Die Reaktionen darauf waren alles andere als positiv. In Fachkreisen nannte man es eine „Modenarrheit", die Uhr an der unruhigsten Körperstelle zu tragen, die zudem den größten Temperaturschwankungen ausgesetzt sei. Man sah die Uhr am Handgelenk als ein kurzes modisches Intermezzo und prophezeite ihr ein baldiges Ende. Dass es anders kommen sollte, ist heute kaum mehr einer Erwähnung wert. Wie die Armbanduhr, so ernteten viele erfolgreiche Innovationen statt Lob und Anerkennung zunächst nur Spott und Hohn. Doch wären ihre geistigen Väter nicht über das hinausgegangen, was die Kunden und die Fachwelt von ihnen erwarteten, dann hätte so mancher Fortschritt niemals stattgefunden – und so manches Unternehmen hätte nicht die mit diesem Fortschritt verbundenen Erfolge erzielt.

Eines der besten Beispiele hierfür ist die Erfindung des Telefons. Schon kurz nachdem Alexander Graham Bell 1877 die erste Telefongesellschaft, die Bell Telephone Company gegründet hatte, befasste man sich auf der ersten Vorstandssitzung mit einer Bemerkung des damaligen US-Präsidenten Rutherford B. Hayes. Er bescheinigte dem Telefon, „eine erstaunliche Erfindung" zu sein – bevor er skeptisch nachschob: „Doch wer sollte es jemals benutzen wollen?" Nicht viel besser erging es dem neuen Gerät auf dem deutschen Markt. Postminister Heinrich von Stephan versprach jeder Stadt ein eigenes Telefonnetz, in der sich mindestens 40 Interessenten meldeten. Im April 1881 war es so weit: In Berlin ging das erste Netz an den Start. Als im Juni des Jahres auch das erste deutsche Telefonbuch erschien, nannte es der Volksmund das „Buch der 96 Narren".[27] Die meisten Berliner amüsierten sich über die eingetragenen Telefonkunden, die in ihren Augen auf einen großen Schwindel aus Amerika hereingefallen waren. Wie falsch sie damit lagen, sollte sich schon bald zeigen. Bereits sieben Jahre später gab es in Berlin mehr Telefonanschlüsse als in irgendeiner Stadt in den USA.

Der Siegeszug des Telefons zeigt, wie gefährlich es sein kann, sich ausschließlich an den Wünschen und Forderungen seiner Kunden zu orientieren. Hätte Bell die von ihm ins Auge gefasste Zielgruppe vorab befragt, ob sie denn ein entsprechendes Gerät nutzen wolle, dann wäre es wohl nie zu einer Markteinführung gekommen. Vor allem, weil sich viele potenzielle Kunden gar nicht vorstellen konnten, was man mit einem Telefonapparat überhaupt anfangen solle. Umso mehr gelang es Bell schließlich, die Erwartungen des Marktes zu übertreffen.

Wie wichtig es ist, immer wieder einen Schritt weiter zu gehen, immer wieder innovativer zu sein, als dies von Dritten erwartet wird, das ist in einem anderen, dem künstlerischen Bereich noch viel offensichtlicher als im wirtschaftlichen. Ein gutes Beispiel hierfür ist das Violinkonzert des großen russischen Komponisten Pjotr Iljitsch Tschaikowsky, der seine Zeitgenossen mit diesem Werk zunächst zu überfordern schien. Als es 1881, zur gleichen Zeit, als man sich in Berlin über die ersten Telefonkunden amüsierte, in Wien uraufgeführt wurde, waren bereits drei Jahre vergangen, seit Tschaikowsky seine Komposition in Clarens, einem kleinen Winzerort am Genfer See, fertiggestellt hatte – denn der Geiger Leopold Auer, für den Tschaikowsky das Stück ursprünglich schrieb, hielt es zunächst für „unspielbar". Dass dem nicht so war, bewies im Dezember 1881 sein Kollege Adolf Brodsky. Doch auch mit der Uraufführung in Wien sollte das Werk noch längst nicht den Ruhm ernten, der ihm später zuteilwurde. Denn das Violinkonzert war seiner Zeit nicht nur „technisch" voraus, es forderte auch von seinen Zuhörern die Bereitschaft, sich auf eine neuartige Komposition einzulassen, die die ausgewogene klassische Formalität Mozarts mit der emotionalen Melodik russischer Provenienz verband. Nach der Uraufführung war sich die Fachwelt zwar einig, dass der Geiger Brodsky ein glanzvolles Wiener Debüt gegeben hatte – für Tschaikowskys Musik hingegen hatte man nur ein Naserümpfen übrig. Den scharfzüngigen Kritikerpapst Eduard Hanslick bewog sie sogar zu der abfälligen Frage, ob es wohl Musik geben könne, die man „stinken hört". Andere Kritiker reagierten zwar gemäßigter in der Wortwahl, aber nicht minder ablehnend in der Sache. Wie falsch sie letztendlich alle liegen sollten, zeigte sich, als Hans Richter und Adolf Brodsky das Konzert ein Jahr später in London aufführten. Nach einem grandiosen Erfolg trat es einen weltweiten Siegeszug an. Heute gehört es zusammen mit dem Violinkonzert von Brahms zu den beliebtesten Werken ihrer Art. Ob Tschaikowsky das Konzert wohl jemals komponiert hätte, wenn er vorab sein Publikum befragt hätte, welche Art von Musik sie sich als nächstes von ihm wünsche …?

Tschaikowsky hatte das Glück, dass er den Erfolg seiner Komposition noch selbst erlebte. Viele andere große Künstler wurden zu Lebzeiten kaum beachtet und erst nach ihrem Tode dafür gerühmt, welch beachtenswertes Werk sie hinterlassen haben. Ein bekanntes und nicht minder tragisches Beispiel ist etwa der Maler Vincent van Gogh. Er starb – trotz seines beachtlichen Schöpferdranges – verkannt, vereinsamt, verwirrt und mittellos. Sein Genie wurde der Welt erst offenbar, als er den Ruhm für seine Arbeiten längst nicht mehr selbst ernten konnte.

Genau hierin liegt die Gefahr einer Innovation, die über die Erwartungen des Marktes so weit hinausgeht, dass der Markt ihr nicht weit genug folgt, um aus ihr einen ideellen (in der Kunst) oder ökonomischen (im Geschäftsleben) Nutzen zu ziehen. Immer wieder gab es vor allem im technischen Kontext innovative Querdenker, die ihrer Zeit weit voraus waren. So sah etwa der Autor August Fetz bereits 1908 das Internet voraus: „Jedermann hat in seinem Hause, in seiner Wohnung, den eigenen ‚Nachrichtenrahmen'. Die neuesten Tagesnachrichten werden in den Zentralen depeschenartig kurz und nur einmal gedruckt. Gleichzeitig übertragen sich die Depeschen auf alle Nachrichtenrahmen der gesamten Zeitungsleser. Durch seine Fernseher-Verbindung liest er von dem Bücher- und Zeitungsraume oder von jedem anderen Orte aus die Tagesberichte so gemütlich und in aller Bequemlichkeit, wie er sich's nur wünschen kann."[28]

Bereits 15 Jahre zuvor dachte sich der Theaterkritiker Oktavos Cohen das Fernsehen aus, als er in einem Essay 100 Jahre in die Zukunft blickte: „Jeder vernünftige Mensch – und davon gibt es 1993 eine ganze Menge – wird einen Telephoten in seiner Wohnung haben. Und damit kann er jedes Unterhaltungsprogramm in der Stadt sehen und hören." So realistisch die Ideen der beiden Vordenker auch waren – ihrer Zeit waren sie zu weit voraus. Der amerikanische Erfinder Lee De Forest etwa – auf dessen Namen immerhin mehr als 300 Patente ausgestellt wurden – wandte noch 1926 ein: „Theoretisch und technisch mag das Fernsehen denkbar sein, aber kommerziell und finanziell sehe ich es als Unmöglichkeit an. Es ist müßige Zeitverschwendung, davon zu träumen."

„Nichts ist mächtiger als eine Idee, deren Zeit gekommen ist", bemerkte einst der Schriftsteller Victor Hugo. Bisweilen muss man jedoch auch nachhelfen, um den Zeitgeist vom Nutzen einer Idee zu überzeugen. Denn Innovationen sind in der Regel das Ergebnis harter Arbeit. Arbeit, die nicht nur die technische Erfindung, sondern vor allem auch ihre Vermarktung betrifft. So hat tatsächlich nicht, wie man gemeinhin annimmt und wie auch wir es bislang dargestellt haben, Alexander Graham Bell das Telefon erfunden, sondern der Italoamerikaner Antonio Meucci. Doch nicht Meucci, sondern Bell gelang es durch unermüdliche, jahrelange Arbeit aus der Idee des Telefons ein marktreifes Produkt zu machen – und auch den Markt selbst zu schaffen, der dieses Produkt nach anfänglichem Zaudern mit Begeisterung aufnahm.[29]

Die Erwartungen seiner Kunden zu übertreffen birgt immer auch die Gefahr, seine Kunden zu verlieren. Gerade deutsche Unternehmen haben eine lange Tradition darin, dem Markt mit guten Erfindungen zu enteilen; weil sie sich auf die Technik fokussieren und nicht auf deren Marktgängigkeit. Die Idee des Hybridmotors etwa wurde hierzulande entwickelt, heute beherrscht der japanische Autohersteller Toyota das aufkeimende Marktsegment. Ähnliches gilt für das Faxgerät, für den „Stereobelt" – eine frühe Version des später von Sony zum Bestseller aufgebauten Walkmans –, die LCD-Technik und vieles andere mehr. Sie alle scheiterten in den Händen deutscher Unternehmen nicht an mangelndem Erfindergeist, sondern an der eigentlichen unternehmerischen Innovationsfähigkeit, die nicht bloß in neuen Technologien, sondern in kreativen Denk- und Verhaltensweisen ihren Ausdruck findet – in einfallsreichen, schöpferischen „Zeitgeistinnovationen", die neue Märkte für neue Produkte erst entstehen lassen. Und die vor allem eines im Blick haben: den Kunden und seine Bedürfnisse.

Die globalen Rahmenbedingungen verlangen dabei ein immer stärker ausdifferenziertes, an neue Zielgruppen angepasstes Innovationsverhalten. In den sich rasch entwickelnden Schwellenländern etwa wird die Mittelschicht nicht nur immer größer, sondern auch immer wohlhabender. Das steigende verfügbare Einkommen führt seinerseits zu einer stärkeren Nachfrage nach hochwertigen Produkten und Dienstleistungen. In Indien zum Beispiel werden in den nächsten 20 Jahren rund 400 Millionen Menschen neue Wohnungen nachfragen – das sind mehr Immobilien, als in den USA seit dem Zweiten Weltkrieg insgesamt gebaut wurden. Gleichzeitig lassen sich in den Industrieländern die Anhäufung eines beträchtlichen Vermögens bei der älter werdenden Babyboomer-Generation und eine wachsende Anzahl junger, wohlhabender Erben beobachten. Diese Entwicklung mehrt den Wohlstand in Märkten, die ansonsten nur eine flache Wachstumskurve aufweisen.

Sowohl in den Industriestaaten als auch in den Schwellenländern schafft der wachsende Wohlstand Chancen für zahlreiche Unternehmen. Viele Führungskräfte stellen jedoch fest, dass ein Rückgriff auf dieselben Markteinführungsstrategien, Produkte und Dienstleistungen, auf die sie in der Vergangenheit gebaut haben, auf den neuen Märkten nur selten funktioniert. Die Ausschöpfung der neuen geografischen und demografischen Potenziale erfordert vielmehr ein profundes Verständnis der betreffenden Kunden und einen gezielt auf ihre Wünsche und Bedürfnisse abgestimmten Ansatz. „In einem Wachstumsmarkt sind für die Kunden leistungsstarke Produktfunktionen am wichtigsten", bestätigt auch Motoki Ozaki, Präsident des japanischen Chemie- und Kosmetikunternehmens Kao Corporation. „In einem gesättigten Markt müssen wir jedoch auch an die Emotionen unserer Kunden appellieren. Es ist entscheidend, die optimale Balance zwischen beiden Positionen zu finden."

Zusätzlich zu den unterschiedlichen Anforderungen der neuen, global verteilten Märkte sehen sich viele Unternehmen steigenden Erwartungen von immer besser informierten und zunehmend interaktiv agierenden Abnehmern gegenüber. Den Kunden stehen heute weit mehr Informationsquellen zur Verfügung als je zuvor. In einer vor Kurzem durchgeführten Umfrage unter 1 000 Einzelhandelskunden sagten 53 Prozent, dass sie das Internet zum Vergleich von Produktmerkmalen und Preisen nutzen – 25 Prozent verwenden hierfür ein mobiles Endgerät, während sie in einem Geschäft einkaufen. Einer von zehn Befragten schickt beim Einkaufen Textnachrichten an Familie und Freunde, um ihren Rat einzuholen oder um Informationen über Produkte mit ihnen auszutauschen.[30]

Über das Internet, das Milliarden von Menschen verbindet, können aktuelle und potenzielle Kunden weltweit ihre Erwartungen kundtun und ihre Erfahrungen austauschen – und die Leistung beziehungsweise den Service eines Unternehmens ihnen gegenüber öffentlich bewerten. Gleichgesinnte Kunden können soziale Kontakte knüpfen und ihren Einfluss bündeln. Die Fans einer Bonbonmarke etwa, die vom Markt genommen werden sollte, organisierten sich über das Netzwerk Facebook. Als sich der Hersteller dem Protest von 45 000 Konsumenten gegenübersah, revidierte er seine Entscheidung – die Bonbons blieben auf dem Markt.[31] In einer immer größeren Zahl von Branchen tauschen die Kunden ihre eigentlich passive Rolle gegen eine sehr viel stärkere Mitwirkung ein. Verbraucher werden gar zu Produzenten, die Unterhaltungs- und Werbeinhalte für andere Kunden erstellen und, um ein ganz anderes Beispiel zu wählen, sogar ihren eigenen Strom erzeugen. „In Zukunft werden wir vermehrt über den ‚Prosumenten' sprechen – einen Verbraucher, der gleichzeitig Konsument und Produzent und somit noch enger in die Wertschöpfungskette integriert ist. Infolgedessen werden Produktionsprozesse präziser und individueller angepasst", sagt Hartmut Jenner, Vorstandschef der auf Reinigungsgeräte spezialisierten und für ihre beachtliche Innovationskraft bekannten Alfred Kärcher GmbH.

Diese informierten und interaktiv agierenden Kunden „können sowohl ein Risiko als auch eine Chance darstellen", wie es ein Vorstand aus der Medienbranche in Belgien formuliert. Doch trotz der möglichen Nachteile sind die meisten Unternehmen im Großen und Ganzen optimistisch. Viele betrachten die neuen Handlungsweisen ihrer Kunden als Chance, um sich von der Konkurrenz abzuheben – als Chance, um eine Positionierung im Premiumsegment zu rechtfertigen und höhere Preise durchzusetzen. Die dahinterstehende Logik ist einfach und nachvollziehbar: Je besser sich die Kunden informieren und je höher ihre Erwartungen sind, desto besser können ihnen die wirklich guten Unternehmen die Vorteile verdeutlichen, die sie gegenüber ihren Mitbewerbern besitzen. „Wir müssen den Wertbeitrag für unsere Kunden neu definieren", sagt Edward Hanway, Vorstandschef der CIGNA Corporation, einer der führenden amerikanischen Krankenversicherungen. „Die Bereitstellung von Informationen und Beratung wird künftig noch wichtiger sein als traditionelle Faktoren."

Wie wird das Unternehmen der Zukunft mit diesen Herausforderungen umgehen? Bereits heute zeigt sich, dass Unternehmen, die in finanzieller Hinsicht überdurchschnittlich erfolgreich sind, mehr als 30 Prozent ihrer jährlichen Gesamtinvestitionen darauf verwenden, sich die Chancen im Zusammenhang mit dem wachsenden Wohlstand weltweit zunutze zu machen.[32] In den kommenden drei Jahren werden diese Investitionen in neue regionale Märkte noch steigen – allerdings nicht so schnell wie die Investitionen, die auf informierte und interaktiv agierende Kunden abzielen. Viele der bereits heute überdurchschnittlich erfolgreichen Unternehmen planen, den Teil ihrer Ausgaben deutlich zu erhöhen, den sie darauf verwenden, den Wünschen dieser immer anspruchsvolleren Kunden gerecht zu werden.

Ein Unternehmen, das eine aktive Interaktion mit den Kunden bereits erfolgreich für sich zu nutzen wusste, ist der japanische Computerspiele-Konzern Nintendo. Anfang der 90er-Jahre lag der Marktanteil des Unternehmens bei Spielekonsolen noch bei 61 Prozent. Bis 2005 jedoch war er auf nur noch 22 Prozent gesunken. Um sich seine führende Position zurückzuerobern, musste Nintendo neue Wege finden, um Videospieler zu begeistern und um neue Zielgruppen zu erschließen. Zu diesem Zweck begab sich das Unternehmen direkt zur Quelle – zu den Spielern selbst. Nintendo baute eine Online-Gemeinschaft auf und wählte auf der Basis des Nutzens und der Häufigkeit ihrer Beiträge für die Gemeinschaft eine Gruppe von erfahrenen Spielern aus, die als Gegenleistung für ihren Beitrag zur Gemeinschaft und für die Unterstützung neuer Benutzer attraktive Preise erhielten, wie zum Beispiel Vorabversionen neuer Spiele.[33]

Über diese Gemeinschaft gelang es Nintendo, wertvolle Einblicke in die Bedürfnisse und Vorlieben des Marktes zu gewinnen. Hieraus gingen nicht nur neue Spieleangebote hervor – etwa eine Online-Bibliothek mit Nostalgiespielen für ältere Spieler –, sondern auch Anregungen für das Design neuer Produkte – zum Beispiel die intuitive Steuerung der beliebten Wii-Konsole, mit der Nintendo für neue Zielgruppen und Gelegenheitsspieler attraktiv wurde.[34] Indem sich das Unternehmen die Treue und das Wissen seiner wichtigsten Kundengruppe zunutze machte, konnte es zwei neue Kundensegmente – Frauen und ältere männliche Spieler – für sich gewinnen. Die Zusammenarbeit mit seinen Kunden hat sich für das Unternehmen ausgezahlt: Mit einem Marktanteil von 44 Prozent liegt Nintendo heute wieder vor seinen Wettbewerbern.[35]

Das Unternehmen der Zukunft wird, wie wir eingangs bereits gesehen haben, noch einen Schritt weiter gehen als Nintendo und nicht nur die von seinen Kunden im interaktiven Dialog artikulierten Wünsche und Bedürfnisse erfüllen, sondern völlig neue Produkte, Dienstleistungen und Erlebnisse kreieren, nach denen die Kunden selbst so nie verlangt hätten – die aber genau ihren versteckten Wünschen entsprechen.

Im Folgenden haben wir die wesentlichen Eigenschaften zusammengestellt, die die Innovationsfähigkeit des Unternehmens der Zukunft kennzeichnen werden:

Das Unternehmen der Zukunft ...

- *... findet Wege, um Angebote für neue Märkte und immer wohlhabendere Verbraucher zu lancieren*

  Globale Marken, Produkte und Services bieten Größenvorteile, doch jeder Markt zeichnet sich durch eine eigene Kultur sowie eigene Anforderungen und Ziele aus. Das Unternehmen der Zukunft experimentiert kontinuierlich und findet so die optimale Balance. Es analysiert potenzielle Märkte, um Nischen, Marktlücken und selbstzufriedene Konkurrenten ausfindig zu machen, bei denen es seine Kernkompetenzen ausspielen kann.

- *... setzt auf das richtige Timing und auf Vernetzungseffekte*

  Das Unternehmen der Zukunft kennt den feinen Unterschied zwischen Neuerungen, die weiter als erwartet gehen, und solchen, die zu weit gehen. Es weiß, dass es Innovationen einführen muss, die der Markt anzunehmen bereit ist, und arbeitet daran, den Zeitpunkt der Markteinführung treffsicher auszuwählen. Es nutzt die Vernetzungseffekte der ersten Anwender, der sogenannten „Early Adopters" einer Innovation, um bereits zu einem frühen Zeitpunkt die Führung am Markt zu übernehmen.

- *... verbindet jeden Mitarbeiter mit dem Kunden*

Die Mitarbeiter auf allen Ebenen des Unternehmens der Zukunft – vom Entwickler bis zum Lagerarbeiter – können online oder, wenn möglich, persönlich Kontakt mit dem Kunden aufnehmen und dabei auf die aktuellsten Informationen zugreifen. Darüber hinaus baut das Unternehmen der Zukunft intensive Beziehungen zu innovativen Kunden und Mitarbeitern auf – jenen Early Adopters, die über den Erfolg oder Misserfolg einer Innovation am Markt entscheiden. Es testet Märkte in diesen Benutzergruppen und arbeitet bei der Produktentwicklung mit ihnen zusammen. Im Business-to-Business-Bereich investiert das Unternehmen in die Verbindung seiner Systeme mit denen wichtiger Kunden. Dadurch kann es aktiv mit seinen Abnehmern zusammenarbeiten und eine partnerschaftliche Rolle übernehmen.

- *... setzt Technologien ein, um Veränderungen schneller als seine Konkurrenz aufzuspüren*

Marktinformationen sind für das Unternehmen der Zukunft von entscheidender Bedeutung. Es weiß um den Wert der Informationen, die es über viele verschiedene Kanäle erfasst, und durchsucht sie aktiv nach wertvollen Erkenntnissen. Es verwendet neue Technologien, wie zum Beispiel virtuelle Welten, um sich auf neue Weise Einblicke in die

Denk- und Verhaltensweisen seiner Kunden zu verschaffen. Dabei setzt es Systeme ein, die sehr schnelle Feedback-Zyklen ermöglichen. Und wenn sich die Vorlieben und die Bedürfnisse der Kunden ändern, weiß es das Unternehmen der Zukunft vor seinen Mitbewerbern.

Auch im Hinblick auf die Innovationsfähigkeit lassen sich auf dem Weg zum Unternehmen der Zukunft wiederum fünf empirische Reifegrade unterscheiden.

Die fünf Evolutionsstufen im Umgang mit Innovationen:

1. *Einblick in das Kundenverhalten*

   Auf der ersten Stufe, die vor allem in Unternehmen anzutreffen ist, die mit generischen Wettbewerbsstrategien auf weitgehend anonymen Massenmärkten agieren, steht die Gewinnung und Umsetzung entscheidungsrelevanter Erkenntnisse über die Bedürfnisse und das Verhalten der anvisierten Kundengruppen im Vordergrund der Innovationstätigkeit.

2. *Transparenz für die Kunden*

   Mit zunehmenden Informationsmöglichkeiten gewinnen die Kunden ihrerseits immer bessere Möglichkeiten zum Vergleich der von unterschiedlichen Herstellern angebotenen Produkte. Auf vielen Märkten nutzen sie diese neue Transparenz nicht nur, sie fordern sie aktiv ein. Unternehmen müssen hierauf sowohl mit innovativen Leistungsmerkmalen reagieren, die sie in den Augen der Kunden „tatsächlich" positiv von ihren Wettbewerbern abheben, als auch mit innovativen Informationsangeboten, die diese Vorteile transparent werden lassen und mögliche Nachteile nicht vergeblich zu verschleiern versuchen.

3. *Dialog mit den Kunden*

   Die nächste Evolutionsstufe erreichen Unternehmen, die in einen interaktiven Dialog mit ihren Kunden treten, um mehr über ihre Bedürfnisse zu erfahren, neue Produktideen zu testen und innovative Anregungen aufzugreifen.

4. *Kooperative Produktentwicklung mit den Kunden*

   Vor allem, wenn das bestehende Geschäftsmodell anfällig ist gegenüber der zunehmenden Transparenz und wenn ein Unternehmen überdurchschnittlich auf Meinungsführer und frühe Verwender der angebotenen Produkte angewiesen ist, gewinnt die Einbeziehung der Kunden in die Innovationstätigkeit und die gemeinsame Nutzung und Zusammenführung von Informationen auf Hersteller-, Kunden- und Handelsseite mehr und mehr an Bedeutung.

5. *Die Erwartungen der Kunden werden übertroffen*

   Die fünfte und letzte Evolutionsstufe entspricht den oben beschriebenen Eigenschaften des Unternehmens der Zukunft, die es möglich machen, den Zielkunden mehr zu bieten, als diese erwarten.

Somit kann Abb. 1 im Hinblick auf die einzelnen Stufen der zweiten Dimension des strategischen Evolutionsprozesses wie in Abb. 8 gezeigt präzisiert werden.

Im Folgenden wollen wir zeigen, wie man beim Stuttgarter Autobauer Daimler die Innovationskraft des Unternehmens mobilisiert, um die Ideen zu finden und zu konkretisieren, die man braucht, um die ohnehin nicht geringen Erwartungen der Kunden im Premiumsegment des Automobilmarktes zu übertreffen.

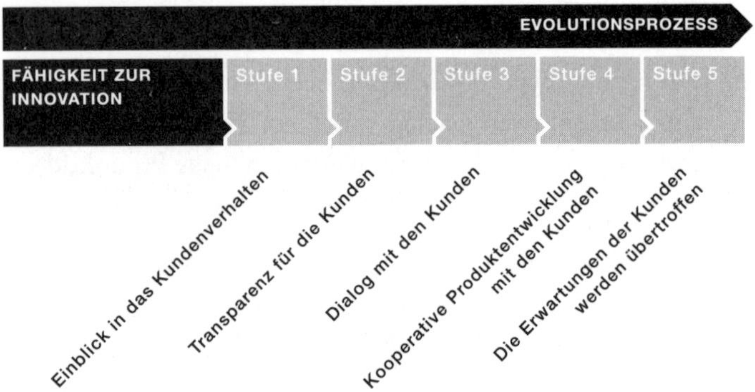

Abb. 8: Evolutionsstufen im Umgang mit Innovationen

Innovativer als von den Kunden erwartet: Jam Sessions bei Daimler

„Jetzt startet der Jam. Bitte einloggen!“ Als die Mitarbeiter der zentralen Entwicklungsabteilung für Pkw, Transporter, Busse und Lastwagen der Daimler AG am Morgen des 17. Juni 2008 ihre Computer einschalteten, wurden sie mit einer ungewöhnlichen Aufforderung begrüßt. Einloggen sollten sie sich, teilnehmen an einem ganz besonderen Ereignis. Schon seit Wochen prangten an allen Standorten in den Bürogebäuden der Entwickler bunte Plakate, die das Event in großen Lettern ankündigten: „Am 17. Juni beginnt der Jam.“

„Der Jam“, das ist eine ganz besondere Methode, die Daimler nutzt, um das kreative Potenzial des Unternehmens optimal zu entfalten. Dass der Automobilkonzern hervorragende Ingenieure und zahlreiche andere kluge Köpfe beschäftigt, ist schon immer ein offenes Geheimnis seines Erfolgs. Doch wie, das fragte man sich auf höchster Ebene, sollte man die vielen hoch qualifizierten Vordenker, die an unterschiedlichen Standorten an ganz unterschiedlichen Themen arbeiten, dazu bringen, ihre Ideen miteinander zu teilen, zu diskutieren und gemeinsam weiterzuentwickeln? Wie konnte man herausfinden, welche ungenutzten

Ideen in den verschiedenen Bereichen des Unternehmens liegen, die profitable Wachstumschancen bergen? Die an einer ganz anderen Stelle im Konzern vielleicht zur Lösung eines drängenden Problems beitragen könnten? Die neue Geschäftsgelegenheiten rund um das bestehende Portfolio entstehen lassen? Die dazu in der Lage sind, Produkte und Dienstleistungen zu gestalten, die die Erwartungen der Kunden übertreffen?

Diese Fragen stellte sich Anfang 2008 eine gerade ins Leben gerufene Arbeitsgruppe junger Führungskräfte, die ihre Antworten unmittelbar an Vorstandschef Dieter Zetsche berichten sollten. Offiziell führt die Truppe den Titel „Business Innovation". Auf den Fluren des Konzerns sprechen viele Kollegen angesichts der unkonventionellen Ideen, die das Team mit Nachdruck vorantreibt, heute jedoch respektvoll von den „Jungen Wilden". Eine der wilden Ideen, für die Zetsches Team bekannt wurde, hatte ihren Ursprung in einer grundsätzlichen Diskussion: Wie entstehen eigentlich Innovationen? Durch einen inspirierenden Gedanken, eine Erfahrung, eine neue Technologie, eine bestimmte Kultur? Im Grunde können ihre Wurzeln in all diesen Dingen zu finden sein. Im Unterschied zu früheren Jahren kann die gute Idee eines Einzelnen heute nahezu ohne Zeitverzug in einem ganzen Unternehmen, in sozialen Netzwerken, in Ländern und Regionen verbreitet werden. So können Menschen, Unternehmen, Organisationen oder Staaten auf völlig neue Art und Weise am kollektiven Wissen und Ideenreichtum von Millionen von Menschen partizipieren. Wie, so fragte man sich, ließen sich diese neuen Gegebenheiten systematisch nutzen?

Daimler machte es wie im Jazz: In einer kreativen Jam Session sollten sich knapp 10 000 Entwickler des Konzerns zu einem zwanglosen, kreativen Zusammenspiel einfinden, um mit ihren Ideen zu improvisieren, sich gegenseitig zu stimulieren und neue Gedanken auf den Weg zu bringen. Anders als die musikalischen Ahnen traf man sich indes nicht in einem schummrigen

Klub, sondern online im Datennetz. Drei Tage lang diskutierten die Forscher und Entwickler in moderierten Foren unter anderem, wie es Daimler gelingen werde, auch in Zukunft innovationsstark zu bleiben, welche Geschäftsfelder man über das Bestehende hinaus erschließen könne, ohne die Marke zu verwässern, und wie die Innovationskultur des Konzerns insgesamt weiter voranzubringen sei. Rund 3 000 Ideen wurden gesammelt, verdichtet, evaluiert und in weiterführenden Projekten konkretisiert. Wie in der Musik, so konnte auch beim Innovations Jam des Autobauers jeder mitmachen – Hierarchiestufen spielten keine Rolle. Bis hinauf zu Thomas Weber, dem für die Konzernforschung verantwortlichen Daimler-Vorstand, sah man auf den PCs und Laptops der Entwickler in den drei Tagen der Veranstaltung regelmäßig das Jam-Logo aufleuchten.

Der Grundgedanke des Jam, dass eine größere Anzahl von Personen im Zweifel zu besseren Ergebnissen gelangt als ein Einzelner, ist nicht neu. Zuletzt hat ihm Günther Jauch in der Quizsendung „Wer wird Millionär" in der Form des Publikumsjokers zu breiter Popularität verholfen. Sein geistiger Vater jedoch war der französische Philosoph und Mathematiker Marie Jean Antoine Nicolas Caritat, Marquis de Condorcet. In dem bereits Ende des 18. Jahrhunderts von ihm formulierten „Jury-Theorem" hat er untersucht, ob ein Einzelner oder eine Gruppe im Allgemeinen zu besseren Entscheidungen gelangt. Sofern die Entscheidung jedes einzelnen Gruppenmitglieds zumindest etwas besser ist als reines Raten – sofern also alle Beteiligten mit einer Wahrscheinlichkeit größer als 50 Prozent die richtige Entscheidung treffen, konnte der Marquis de Condorcet zeigen, dass die Wahrscheinlichkeit einer korrekten Entscheidung mit der Zahl der Beteiligten steigt. Für den Fall, dass sich eine Gruppe aus „dummen" Mitgliedern zusammensetzt, deren jeweilige Entscheidungen schlechter sind als reines Raten, ergibt sich indes ein gegenteiliger Effekt.[36]

Es zeigt sich also, dass ein Jam, wie sie Daimler veranstaltet hat, nur dann zu einem Erfolg führen kann, wenn es wie im Falle des Automobilkonzerns gelingt, möglichst viele kluge Köpfe miteinander zu vernetzen. Dann entscheidet die Gruppe in der Regel intelligenter als der klügste Einzelne aus ihren Reihen; ihre Ideen sind durchdachter und ihre Problemlösungen greifen besser als die eines auf sich allein gestellten Experten. Vorausgesetzt, jedes Gruppenmitglied denkt und handelt unabhängig und stellt sich ohne Eigennutz und ohne politisches Taktieren in den Dienst der Sache. Der Jam selbst darf bei allen guten Ideen, die aus ihm hervorgehen, nicht als Selbstzweck missverstanden werden. Die Ideen sind nicht der Endpunkt, sondern der Beginn der eigentlichen Innovation. Die Resultate des Jam müssen systematisch aufbereitet und mit weiterführenden Maßnahmen verknüpft werden, die die besten Ideen in erfolgreiche, marktgängige Lösungen überführen.

Auch IBM nutzt das Jam-Konzept seit 2001 regelmäßig, um mit Mitarbeitern in der ganzen Welt über die Kultur des Unternehmens und seine Werte zu diskutieren, oder – ähnlich wie im Fall von Daimler – um neue Innovationsfelder zu identifizieren. An der Jam Session etwa, die 2008 zum Thema Innovation stattfand, beteiligten sich weltweit mehr als 150 000 Mitarbeiter, Kunden und Wissenschaftler. Eine gute Basis, um Neues zu schaffen, das die Erwartungen des Marktes übertrifft.

WISSEN: So finden Sie die Missing Links der Innovation

Auch zur Innovationsfähigkeit haben wir Checklisten zusammengestellt, mit deren Hilfe Sie die zukünftige Position Ihres Unternehmens, seine aktuelle Aufstellung und die seiner Wettbewerber analysieren können. Sie finden diese auf den folgenden Seiten. Kreuzen Sie zur Ermittlung der strategischen Evolutionsstufe in der betreffenden Liste wiederum diejenigen Stufen an, die für Ihr Unternehmen kennzeichnend sind. Aus dem Durchschnitt der drei höchsten Stufenwerte ergibt sich die Position, die Ihr Unternehmen im nächsten Entwicklungsschritt erreichen sollte. Zur Bestimmung der Ausgangslage Ihres eigenen Unternehmens und der Ihrer Wettbewerber tragen Sie in der dafür vorgesehenen Liste die entsprechenden Werte ein. Die aktuelle Evolutionsstufe, die Ihr Unternehmen beziehungsweise Ihre Konkurrenz im Hinblick auf die Innovationsfähigkeit erreicht hat, ergibt sich auch hier aus dem Durchschnitt der drei jeweils höchsten Einzelbewertungen.

Auch an dieser Stelle möchten wir noch einmal darauf hinweisen, dass Sie im Internet unter *www.missing-link-online.com* die Möglichkeit haben, eine exakte Einordnung Ihres Unternehmens im Kontext seiner Branche vorzunehmen.

Die strategische Evolutionsstufe der Innovation (1/2)

Bitte kreuzen Sie jeweils den Stufenwert an, der für Ihr Unternehmen zutreffend ist.

Stufe 1	Stufe 2	Stufe 3	Stufe 4	Stufe 5
Einblick in das Kundenverhalten	*Transparenz für die Kunden*	*Dialog mit den Kunden*	*Kooperative Produktentwicklung mit den Kunden*	*Erwartungen der Kunden werden übertroffen*

Tragen Sie hier bitte die Branche ein, in der Ihr Unternehmen tätig ist.				
______________________________				
Welche Strategie verfolgen Sie in Bezug auf die Hauptangebote Ihres Unternehmens?				
Generisch, Massenmarkt ☐	Massenmarkt mit begrenzten Optionen ☐	Große Nischen ☐	Spezialisierter Nischenmarkt ☐	Hoch spezialisiert, Kundennähe ☐
Wie anfällig ist Ihr Geschäftsmodell gegenüber zunehmend besser informierten Kunden im Sinne einer abnehmenden Informationsasymmetrie und der Entstehung vollkommen transparenter Märkte?				
Immun ☐	Geringe Anfälligkeit ☐	Mittlere Anfälligkeit ☐	Hohe Anfälligkeit ☐	Sehr hohe Anfälligkeit ☐
Der Kunde bekommt täglich mehr Verhandlungsmacht – insbesondere im Hinblick auf die Marktinformationen, die ihm zur Verfügung stehen. Wie wird diese Entwicklung Ihr Geschäft beeinflussen?				
Keine Auswirkungen ☐	Geringe Auswirkungen ☐	Mittlere Auswirkungen ☐	Hohe Auswirkungen ☐	Sehr hohe Auswirkungen ☐

Die strategische Evolutionsstufe der Innovation (2/2)

Bitte kreuzen Sie jeweils den Stufenwert an, der für Ihr Unternehmen zutreffend ist.

Stufe 1	Stufe 2	Stufe 3	Stufe 4	Stufe 5
Einblick in das Kundenverhalten	*Transparenz für die Kunden*	*Dialog mit den Kunden*	*Kooperative Produktentwicklung mit den Kunden*	*Erwartungen der Kunden werden übertroffen*

Welche Bedeutung wird in Ihrer Branche der Nähe zum Kunden und der Fähigkeit, Kundentrends früh zu erfassen, in den nächsten fünf Jahren zukommen?				
Unbedeutend ☐	Geringe Bedeutung ☐	Mittlere Bedeutung ☐	Große Bedeutung ☐	Sehr große Bedeutung ☐
Wie sehr wird das Geschäft Ihres Unternehmens von Meinungsführern und von frühen Kunden in der Einführungsphase beeinflusst?				
Immun ☐	Geringe Abhängigkeit ☐	Mittlere Abhängigkeit ☐	Große Abhängigkeit ☐	Sehr große Abhängigkeit ☐

Strategische Evolutionsstufe des eigenen Unternehmens: ______

Die strategische Evolutionsstufe, die Ihr Unternehmen im Hinblick auf seine Innovationsfähigkeit anstreben sollte, ergibt sich aus dem Durchschnitt der drei höchsten Stufenwerte, die von Ihnen angekreuzt wurden.

Die aktuelle Evolutionsstufe der Innovation (1/2)

Tragen Sie in die vorgesehenen Felder die Werte ein, die für Ihr Unternehmen beziehungsweise für Ihre Wettbewerber zutreffend sind.

Stufe 1	**Stufe 2**	**Stufe 3**	**Stufe 4**	**Stufe 5**
Einblick in das Kundenverhalten	*Transparenz für die Kunden*	*Dialog mit den Kunden*	*Kooperative Produktentwicklung mit den Kunden*	*Erwartungen der Kunden werden übertroffen*

Tragen Sie hier bitte die Branche ein, in der Ihr Unternehmen tätig ist.				
______________________________				
Das Innovationsleitbild Ihres Unternehmens/Ihres Wettbewerbs leitet sich klar und mitreißend formuliert aus den Bedürfnissen des Marktes ab. Die Innovationsbilanz Ihres Unternehmens/Ihres Wettbewerbs zeigt einen deutlichen Fokus auf Produkte mit einem „echten neuen Kundennutzen“ – und nicht auf bloße „Marketing-Innovationen“.				
Trifft nicht zu				Trifft voll zu
1	2	3	4	5
Bitte Wert für eigenes Unternehmen eintragen:				________
Bitte Wert für Wettbewerber eintragen:				________
Ihr Unternehmen/Ihr Wettbewerb arbeitet im Innovationsprozess eng mit Schlüsselkunden, Partnerunternehmen und akademischen Organisationen zusammen; dabei findet eine internationale Wissensvernetzung statt.				
Trifft nicht zu				Trifft voll zu
1	2	3	4	5
Bitte Wert für eigenes Unternehmen eintragen:				________
Bitte Wert für Wettbewerber eintragen:				________
Die Forschung und Entwicklung und alle marktorientierten Funktionen Ihres Unternehmens/Ihres Wettbewerbs sind auf ein Denken und Handeln im Sinne der Kunden ausgerichtet.				
Trifft nicht zu				Trifft voll zu
1	2	3	4	5
Bitte Wert für eigenes Unternehmen eintragen:				________
Bitte Wert für Wettbewerber eintragen:				________

Die aktuelle Evolutionsstufe der Innovation (2/2)

Tragen Sie in die vorgesehenen Felder die Werte ein, die für Ihr Unternehmen beziehungsweise für Ihre Wettbewerber zutreffend sind.

Stufe 1	Stufe 2	Stufe 3	Stufe 4	Stufe 5
Einblick in das Kunden-verhalten	*Transparenz für die Kunden*	*Dialog mit den Kunden*	*Kooperative Produktent-wicklung mit den Kunden*	*Erwartungen der Kunden werden übertroffen*

Der Innovationsanspruch Ihres Unternehmens/Ihres Wettbewerbs bezieht sich nicht nur auf Produkte, sondern auch auf eine permanente Erneuerung aller Prozesse und des Geschäftsmodells, um einen Wettbewerbsvorteil zu erzielen.				
Trifft nicht zu				Trifft voll zu
1	2	3	4	5
			Bitte Wert für eigenes Unternehmen eintragen:	_____
			Bitte Wert für Wettbewerber eintragen:	_____
Ihr eigenes Unternehmen/Ihr Wettbewerb nutzt virtuelle Technologien, um die Bandbreite der verfügbaren Innovationsideen bei Mitarbeitern, Kunden und Partnern aufzugreifen.				
Trifft nicht zu				Trifft voll zu
1	2	3	4	5
			Bitte Wert für eigenes Unternehmen eintragen:	_____
			Bitte Wert für Wettbewerber eintragen:	_____
			Aktuelle Evolutionsstufe des eigenen Unternehmens:	_____
			Aktuelle Evolutionsstufe der Wettbewerber:	_____

Die aktuellen Evolutionsstufen Ihres Unternehmens und Ihrer Wettbewerber ergeben sich aus dem Durchschnitt der drei jeweils höchsten Stufenwerte. Eine exakte Einordnung Ihres Unternehmens im Kontext seiner Branche können Sie unter *www.missing-link-online.com* vornehmen.

✔ HANDELN:

So überwinden Sie die Missing Links der Innovation

Sofern Sie im Hinblick auf die Fähigkeit zur Innovation einen Missing Link in Ihrem Unternehmen identifiziert haben, können Sie nun wiederum mithilfe der im vorangegangenen Kapitel ermittelten Kennzahlen sein Ausmaß und – im Vergleich zu den Missing Links auf den anderen Dimensionen der Evolution – die Dringlichkeit bestimmen, mit der er überwunden werden muss. Was zu seiner Überwindung konkret zu tun ist, das ergibt sich auch in diesem Fall wieder aus der Evolutionsstufe, die das eigene Unternehmen bereits erreicht hat, und derjenigen, die es in absehbarer Zukunft erreichen muss. Die unterschiedlichen Maßnahmen, die ergriffen werden können beziehungsweise müssen, um den Missing Link in einen Connecting Link zu transformieren, haben wir im Folgenden wiederum entlang der vier zentralen Handlungsfelder – Strategie, Mitarbeiter, Prozesse und Technologie – zusammengefasst. Achten Sie bei der Transformation von einer Stufe zur nächsten auch darauf, dass sämtliche Maßnahmen aller vorangegangenen Transformationen bereits umgesetzt wurden oder – wenn dies nicht der Fall ist – nachträglich umgesetzt werden.

Was ist zu tun – wenn Sie Stufe 1 noch nicht erreicht haben?

- *Strategie:* Richten Sie Ihre strategische Planung konsequent auf den Kunden aus. Entwerfen Sie eine Differenzierungsstrategie, die es Ihnen ermöglicht, den Kundennutzen zu managen, zu maximieren und umfassend erlebbar zu machen.
- *Mitarbeiter:* Richten Sie eine eigene Abteilung ein, die die „Stimme des Kunden“ vertritt. Ihre Aufgabe ist es, Daten zu

unterschiedlichen Kundenbedürfnissen zu sammeln, sie zu analysieren und die Ergebnisse den Geschäftsbereichen Ihres Unternehmens zur Verfügung zu stellen.

- *Prozesse:* Entwerfen und implementieren Sie Prozesse, die eine durchgängige Sammlung und Analyse von Kundendaten ermöglichen.
- *Technologie:* Implementieren Sie unternehmensweit konsistente dynamische Kundenbewertungsmodelle.

Was ist zu tun – zur Transformation von Stufe 1 zu Stufe 2?

- *Strategie:* Sammeln Sie an allen Berührungspunkten mit Ihren Abnehmern systematisch Kundendaten. Integrieren Sie Daten von Ihren Geschäftspartnern in die eigenen Datenbanken. Stellen Sie Branchen-Benchmarks auf, an denen Sie die Leistung Ihres Unternehmens relativieren können.
- *Mitarbeiter:* Stellen Sie funktionsübergreifende Kundeninformationsteams zusammen, um den Austausch von Erfahrungen und Wissen in Bezug auf die Bedürfnisse und Verhaltensweisen Ihrer Kunden zwischen verschiedenen Abteilungen zu fördern und aufrechtzuerhalten.
- *Prozesse:* Etablieren Sie einen konsistenten Austausch von Kundendaten und ein entsprechendes Berichtswesen über alle Schlüsselbereiche hinweg – zum Beispiel über verschiedene Absatzwege, Produktgruppen etc.
- *Technologien:* Erfassen, zentralisieren und pflegen Sie Kundendaten so, dass unternehmensweit anwendungsbezogen auf sie zugegriffen werden kann.

Was ist zu tun – zur Transformation von Stufe 2 zu Stufe 3?

- *Strategie:* Personalisieren Sie Ihre Produkte und Ihre Kommunikation auf der Grundlage einer expliziten Strategie, die festlegt, wie Sie den Nutzen Ihrer Angebote für Ihre Kunden umfassend erlebbar machen.
- *Mitarbeiter:* Formulieren Sie Richtlinien für einen differenzierten Umgang mit Ihren Kunden – und setzen Sie diese unternehmensweit durch.
- *Prozesse:* Gestalten Sie Prozesse, die einen differenzierten Umgang mit Ihren Kunden fördern und fordern. Integrieren Sie zudem die unmittelbaren Anregungen Ihrer Kunden in die Entwicklungsprozesse zur Gestaltung neuer Produkte und Dienstleistungen.
- *Technologie:* Implementieren Sie effektive Anwendungen zur Produktkonfiguration und zur Kommunikation innerhalb Ihres Unternehmens sowie mit Ihren Kunden. Ermöglichen Sie zudem eine Zusammenführung und gemeinsame Nutzung von Informationen auf Hersteller-, Kunden- und Handelsseite.

Was ist zu tun – zur Transformation von Stufe 3 zu Stufe 4?

- *Strategie:* Binden Sie Schlüsselkunden und Meinungsführer intensiv in Ihre Innovationsstrategien und in Ihre Kommunikationsmaßnahmen ein.
- *Mitarbeiter:* Verbinden Sie Ihre Mitarbeiter und Ihre Kunden durch Online-Netzwerke, die einen intensiven Austausch und Rückkopplungsmöglichkeiten unterstützen, beispielsweise auf der Grundlage von Web-2.0-Anwendungen.
- *Prozesse:* Gestalten Sie integrierte Kundenmanagement- und Angebotsprozesse über alle Produkte, Kategorien, Marktsegmente und Absatzkanäle hinweg.

- *Technologie:* Entwickeln Sie Anwendungen, die ein Kunden-Feedback ermöglichen, auf der Basis von Web-2.0-Technologien und virtuellen Netzwerken.

Was ist zu tun – zur Transformation von Stufe 4 zu Stufe 5?

- *Strategie:* Bauen Sie kooperative Partnerschaften mit Ihren wichtigsten externen Partnern und Ihren Schlüsselkunden auf, um eine offene Innovationspolitik voranzutreiben.
- *Mitarbeiter:* Gehen Sie aktiv auf Ihre Kunden zu, um gemeinsam Ideen zu entwickeln, die zum beiderseitigen Nutzen sind.
- *Prozesse:* Gestalten Sie Prozesse und Richtlinien zum Management externer Partner. Ermöglichen Sie zudem über alle Prozesse hinweg einen offenen Umgang mit Innovationen.
- *Technologie:* Implementieren Sie kooperative Anwendungen, um gemeinschaftliche Entwicklungen mit Ihren Kunden und Ihren externen Partnern zu unterstützen. Stellen Sie eine Technologieplattform zur Verfügung, die einen offenen Umgang mit Innovationen fördert.

Je weiter ein Unternehmen von Evolutionsstufe zu Evolutionsstufe voranschreitet, desto wichtiger wird ganz offensichtlich die Bedeutung einer innovationsfördernden Zusammenarbeit über die eigenen Unternehmensgrenzen hinaus – mit Zulieferern und ihren Netzwerken, mit Kunden, Geschäftspartnern und anderen Akteuren. Eine solche Zusammenarbeit zu realisieren, das ist jedoch leichter gesagt als getan. Tatsächlich belegen Untersuchungen, dass 50 Prozent aller strategischen Allianzen letztendlich scheitern.[37] Im Folgenden wollen wir einen methodischen Rahmen vorstellen, mit dessen Hilfe die Erfolgsaussichten einer innovationsbezogenen Zusammenarbeit erheblich gesteigert werden können. Wir nennen ihn das ABC der gemeinschaftlichen Innovation.[38] Die Buchstaben A, B und C stehen dabei für Alignment, Boundaries und Commitment. Übersetzen ließe sich dies in etwa mit Ausrichtung, Grenzen und Verbindlichkeit. Der Terminus Alignment bezieht sich darauf, dass die strategische Vision und die Innovationsziele eines Unternehmens mit ihrer Umsetzung in der gesamten Organisation in Einklang gebracht werden müssen. Die Boundaries, also die Grenzen eines Unternehmens, gilt es so zu gestalten, dass eine intensive Zusammenarbeit über Organisationsgrenzen hinweg realisiert werden kann, gegebenenfalls mit wechselnden Akteuren, gerade so, wie der Markt es verlangt. Hierzu müssen geeignete Strukturen und Prozesse aufgebaut werden, die die Steuerung der Zusammenarbeit, die eigentlichen, operativen Tätigkeiten und die von den unterschiedlichen Partnern eingesetzten Technologien unterstützen. Zu guter Letzt ist ein nachhaltiges Commitment, eine andauernde Verpflichtung auf die etablierten internen und externen Strukturen und Prozesse unverzichtbar, um eine innovationsbezogene Zusammenarbeit innerhalb des Unternehmens und mit externen Akteuren zu orchestrieren und über lange Zeit aufrechtzuerhalten. Wir möchten an dieser Stelle anmerken, dass die Namensgebung „ABC“ keinesfalls implizieren soll, dass die betreffenden Gesichtspunkte einfach umzusetzen wären. Vielmehr geht es uns darum, die Komplexität gemeinschaftlicher Innovationen durch eine klare Systematik handhabbar zu machen.

(a) Alignment

Das Alignment ist ein wesentliches Element, um sicherzustellen, dass die Geschäftsstrategie unternehmensweit kommuniziert und befolgt wird – und zwar sowohl in den vertikalen als auch in den horizontalen Strukturen der Organisation. Das Ziel des vertikalen Alignments besteht darin, die Innovationsziele der Geschäftsstrategie „in die Tiefe der Organisation“ zu tragen. Hierzu werden sie in eine Organisationsstrategie und in einen Implementierungsplan übertragen. Beides bildet den Rahmen für die anstehenden Veränderungen. Das Ziel des horizontalen Alignments besteht demgegenüber darin, alle Faktoren, die gemeinschaftliche Innovationen über Funktionen, Divisionen, Ländergesellschaften und andere „Silos“ hinweg beeinträchtigen, so weit wie möglich zu begrenzen. Das horizontale Alignment basiert zumeist auf einer neuen Organisationseinheit oder auf der Neugestaltung einer existierenden. Überkommene Strukturen und Prozesse, die in der Vergangenheit zweckmäßig gewesen sind, die jedoch nicht zu einer gemeinschaftlichen Innovationstätigkeit beitragen können, müssen aufgebrochen und auf die neuen Innovationsziele zugeschnitten werden. Hierzu ist es häufig erforderlich, bestehende Funktionen, Verantwortlichkeiten und Leistungsvorgaben anzupassen. Auch Veränderungen im Personalwesen – etwa die Personalauswahl, die Vergütung oder Schulungsmaßnahmen – können eine gemeinschaftliche Innovationskultur fördern.

(b) Boundaries

Wie eingangs bereits angeführt, sind in der Praxis die meisten aller strategischen Allianzen zum Scheitern verurteilt – und zwar, weil es außerordentlich schwierig ist, sie gut zu managen. Vertrauen muss aufgebaut werden, unterschiedliche Entscheidungsprozesse müssen in Einklang gebracht werden, man muss rechtliche Vereinbarungen zu Eigentumsfragen und zu anderen kritischen Punkten treffen, man muss über verschiedene Kulturen hinweg miteinander zusammenarbeiten, Kommunikationsprozesse und operative Tätigkeiten abstimmen und vieles mehr. Um dabei Probleme zu vermeiden, ist die Auswahl eines geeigneten Partners der erste kritische Schritt. Als potenzielle Partner kommen zum Beispiel Kunden in Betracht, Lieferanten, Regierungsstellen und dergleichen. Die richtige Struktur für die Partnerschaft zu finden – etwa ein Joint Venture oder ein Konsortium – ist essenziell für den Erfolg und muss sich unmittelbar aus den Innovationszielen und den Geschäftsstrategien der beteiligten Unternehmen ableiten. Dabei ist es unabdingbar, die Geschichte und die Kultur aller Beteiligten zu verstehen, ihre Ziele und die spezifischen Bedingungen der Zusammenarbeit. Soll die Partnerschaft zeitlich befristet angelegt sein oder auf Dauer, physisch oder virtuell, starr oder flexibel? Sind besondere rechtliche Vereinbarungen erforderlich, um bestimmte Interessen zu schützen? Während diese und andere Fragen geklärt werden, muss eine Führungsstruktur etabliert werden, die alle möglichen Konfliktbereiche abdeckt – etwa das Recht an geistigem Eigentum oder den Ablauf von Entscheidungsprozessen. Die finanziellen und vertraglichen Regelungen, die aus diesen Verhandlungen resultieren, sind entscheidend für den späteren Erfolg der Zusammenarbeit. Hinzu kommen Aspekte der technologischen Integration und des Datenaustausches. Insbesondere IT-Anwendungen, die ein gemeinschaftliches Arbeiten an Innovationen ermöglichen, kommt dabei eine immer größere Bedeutung zu.

(c) Commitment

Unternehmen, die interne und unternehmensübergreifende gemeinschaftliche Innovationen ernsthaft verfolgen, bekennen sich dauerhaft zu einer permanenten Weiterentwicklung ihrer Produkte, ihrer Prozesse und ihres Geschäftsmodells. Eine Kultur gemeinschaftlicher Innovation kann nur im Laufe der Zeit durch eine entsprechend kommunizierende und bestärkende Führung, durch die Messung der entscheidenden Erfolgskennziffern und durch eine institutionalisierte lernende Organisation aufgebaut werden. Während im ABC der gemeinschaftlichen Innovation das Alignment und die Boundaries in aller

Regel einen klaren Start- und Endpunkt besitzen, ist das Commitment ein kontinuierlicher Prozess.

Im kommenden Abschnitt wollen wir Ihnen ein Unternehmen vorstellen, dem es gelungen ist, eine Kultur der gemeinschaftlichen Innovation zu etablieren – unternehmensintern und auch über die Grenzen der eigenen Organisation hinweg: den Logistikdienstleister DHL.

Die Zukunft ist gelb: sensible Transporte bei DHL

„Anwendungsnahe Forschung darf nicht im stillen Kämmerchen stattfinden. Sie braucht den Austausch." Das sagt Keith Ulrich, bei der Deutschen Post für das Technologie- und Innovationsmanagement verantwortlich und Chef einer in der Branche einzigartigen Einrichtung – eines modernen Innovationszentrums, das der Post-Konzern 2007 in Troisdorf vor den Toren von Bonn eröffnet hat. „Das DHL Innovation Center leistet einen maßgeblichen Beitrag zu unserer Innovationsstrategie. Es zeigt, wie gute Ideen und der richtige Mix an Partnern völlig neue Chancen im Markt eröffnen können", beschreibt Ulrich.

DHL – ein Tochterunternehmen der Deutschen Post World Net und mit rund 285 000 Mitarbeitern weltweiter Marktführer in der Express- und Logistikindustrie – baut auf starke Partnerschaften, wenn es darum geht, innovative Ideen voranzutreiben. Mit dem DHL Innovation Center, einem Bau, der ganz in den Farben des Konzerns gehalten ist – getreu dem Motto des Zentrums „The Future is Yellow", die Zukunft ist gelb – hat das Unternehmen einen kreativen Raum geschaffen, in dem Forscher und Entwickler aus aller Welt zusammenkommen und ihre Ideen und ihr Wissen austauschen, um praxisnahe Innovationen zu entwickeln. Dabei ist es das erklärte Ziel des Zentrums, aus logistischen Zukunftstrends neue, marktfähige Produkte und Lösungen mit einem hohen Innovationsgrad abzuleiten. Zugleich will man dazu beitragen, die Umweltverträglichkeit logistischer Prozesse und Systeme voranzubringen. Zu diesem Zweck wurden alle Stellen, die zuvor im technischen Innovationsmanagement des Konzerns angesiedelt waren, unter dem Dach des DHL Innovation Center vereint.

Durch eine enge Vernetzung mit weltweit führenden Forschungseinrichtungen und Technologiepartnern entstand eine in der Logistikbranche einmalige Innovationskraft. Zum Start hat der Post-Konzern die Unternehmen SAP, IBM, Intel und Motorola als globale Innovationspartner gewonnen. Darüber hinaus fördert das Zentrum über Partnerschaften mit Forschungsinstituten, etwa mit dem renommierten Massachusetts Institute of Technology (MIT) und den deutschen Fraunhofer-Instituten, den Austausch zwischen der Grundlagenforschung und der Praxis.

„Wir wollen gemeinsam Lösungen erarbeiten, an die unsere Kunden heute noch nicht denken.“ Was nicht nur klingt wie das Credo des Unternehmens der Zukunft, das betont John Allan, der Finanzvorstand der Deutschen Post. Und Vorstandschef Frank Appel ergänzt: „Neue Ideen und Techniken zu marktreifen Produkten und Dienstleistungen zu entwickeln, das ist Teil unseres Selbstverständnisses als führender und global agierender Logistikkonzern. Dafür ist das DHL Innovation Center die optimale Plattform. Es ist gelebte Zukunft im Konzern.“

„Entspannung pur! Temperaturkontrolle auf einen Blick“, verspricht die Werbebroschüre für ein innovatives Angebot, das DHL in seinem Innovationszentrum entwickelt hat. Eine Anwendung mit dem etwas sperrigen Namen „Smart Sensor Temperature“. Um zu erläutern, was sich dahinter verbirgt, müssen wir etwas weiter ausholen: Viele Unternehmen stellen ganz spezielle Anforderungen an einen Logistikdienstleister. Anforderungen an die Lieferzeit, an die Flexibilität, aber auch solche, die mit den Eigenschaften der zu transportierenden Waren zusammenhängen. Pharmaunternehmen etwa, die ihre Arzneimittel und Impfstoffe häufig über große Entfernungen verschicken, sind hierfür ein gutes Beispiel. Um die Wirksamkeit und die Frische der sensiblen Substanzen nicht zu gefährden, müssen viele von ihnen innerhalb eines bestimmten Temperaturbereichs transportiert werden. Ist dies nicht gewährleistet, kann schnell eine ganze Sendung unbrauchbar werden. Erschwerend kommt hinzu, dass viele Lieferungen sehr komplexe Wege nehmen – an verschiedenen Transit- und Lagerpunkten müssen die Waren oft von einem Akteur an einen anderen übergeben werden. Je mehr solcher Knoten in der Zustellkette vorhanden sind, desto größer ist die Gefahr, dass unvorhergesehene Faktoren die Temperatur der Sendung negativ beeinflussen.

Aus diesem Grund hat die amerikanische Arzneimittelbehörde strenge Auflagen erlassen, die die Pharmakonzerne dazu verpflichten, während des Transports ihrer Arzneimittel deren Temperaturintegrität zu garantieren. Diese Auflage – und die stetig steigende Nachfrage nach temperaturkontrollierten Transporten – nahm DHL zum Anlass, um für seine Pharmakunden ein innovatives Angebot zu entwickeln. Als Standardmethode für den Transport temperatursensibler Produkte werden bisher entweder hoch isolierte Container oder Styroporkästen verwendet, die den gewünschten Temperaturbereich aufrechterhalten und nach jedem Versand wieder abgeholt werden. Zur Kontrolle werden Geräte zur Aufzeichnung der Temperatur beigelegt. Diese überwachen in bestimmten Intervallen vom Abschicken der Ware bis zu ihrem Eintreffen am Bestimmungsort die Temperatur. Hat die Ware den Zielort erreicht, werden die Geräte ausgelesen, abgeholt und zum Absender zurückgeschickt.

Auch wenn die mit den herkömmlichen Temperaturmessgeräten erhobenen Informationen sehr exakt sind, so braucht man nach der Ankunft der Waren doch immer eine gewisse Zeit, bis die Daten ausgelesen und verfügbar sind, denn die meisten Aufzeichnungsgeräte müssen zunächst an einen Computer angeschlossen werden. Schon das allein ist ein großer Nachteil. Hinzu kommt, dass die Informationen grundsätzlich erst im Nachhinein vorliegen. So kann weder der Kunde noch der Logistikdienstleister gegensteuernd eingreifen, wenn es tatsächlich zu inakzeptablen Temperaturabweichungen kommt. Das Team von Post-Innovationschef Keith Ulrich erkannte diesen Mangel als Chance. Es entwickelte ein Konzept, das vorsieht, die Temperatur von Transportsendungen an verschiedenen Punkten zwischen Absenden und Eintreffen mithilfe von RFID-Technologie zu kontrollieren. Die Abkürzung RFID steht für den englischen Ausdruck Radio Frequency Identification, also für eine Identifizierung per Funksignal. Ein RFID-Chip, der auch „Tag" genannt wird, besteht aus einem winzig kleinen Computerchip mit einer ebenso kleinen Antenne. Man kann ihn in Waren, Etiketten oder Verpackungen einbauen und mit einem Lesegerät aus einiger Entfernung erfassen. Das Lesegerät sendet einen Funkimpuls und der RFID-Chip sendet eine auf ihm gespeicherte Kennnummer sowie die aufgezeichneten Temperaturdaten zurück. Gemeinsam mit drei Partnern – einem großen Pharmaunternehmen, das sich bereiterklärte, an einem Pilotprojekt teilzunehmen, mit RFID- und Sensorspezialisten des Innovationspartners IBM und mit dem kleinen kalifornischen Start-up Infratab, das die Herstellung der Messgeräte übernahm – konzipierte DHL eine marktgängige Lösung, die auf einer innovativen Verbindung von RFID-Technologie und Sensortechnik basiert. Eine Lösung, die es DHL und seinen Kunden ermöglicht, den Zustand einer Sendung mithilfe von RFID-Tags im Versandcontainer und mit Lesegeräten an beliebigen Punkten der Transportstrecke zu kontrollieren, ohne das Paket zu öffnen.

Für Pharmaunternehmen bietet diese Lösung ganz neue

Möglichkeiten. In der Produktbeschreibung des Smart Sensors hat DHL ein anschauliches Bild gewählt, um sie zu verdeutlichen: Auf einer großen Weltkarte sieht man den Weg einer Sendung als gewundene Linie zwischen dem Werk des Pharmaunternehmens und dem Bestimmungsort des Produktes. Sie ist mit mehreren Kontrollpunkten versehen, an denen sich entweder die Transportart der Sendung ändert – zum Beispiel vom Straßen- zum Lufttransport –, die Waren zwischengelagert werden oder eine andere Einwirkung auf die Produkte erfolgt. Wird die Sendung von einem Teilabschnitt zum nächsten weitergeleitet, ändert sich auch die Umgebung des Pakets. Diese Schwankungen werden einkalkuliert – sie müssen jedoch in einem akzeptablen Rahmen bleiben. Nehmen wir nun an, dass die Temperatur auf dem Weg vom Werk zu einem Flughafen aus irgendeinem Grund über das akzeptable Maß hinaus steigt. Mit dem herkömmlichen Messsystem würde das Pharmaunternehmen erst Tage nach dem Eintreffen der Sendung überhaupt von dem Problem erfahren, wodurch sein Kunde erneut Wochen warten müsste, bis eine akkurate Lieferung eintrifft. Mit der neuen Lösung ist das anders: Da mithilfe des RFID-Systems die Temperatur der Sendung an definierten Kontrollpunkten der Lieferkette überprüft werden kann, weiß der Kunde bereits von dem Problem, bevor die Ware den Flughafen erreicht. Dadurch kann er die Sendung stoppen und eine neue auslösen. Ein weiterer Vorteil: Die Daten müssen nicht, wie bei den meisten Standardmessgeräten, vor Ort ausgelesen werden. Sie sind weltweit über ein Webportal abrufbar – übersichtlich aufbereitet, mit bekannten Menüabläufen und Reports zum Herunterladen. Das erleichtert die Handhabung und ermöglicht ein zentrales Qualitätsmanagement. Zudem bekommt der Kunde die gesamte Dienstleistung aus einer Hand. Er muss sich nicht mehr um beides – den Logistiker und die Temperaturmessung – kümmern. Der Service kann einfach in die bestehenden Prozesse integriert werden, es entstehen keine zusätzlichen Softwarekosten und auch zeitraubende Updates der Software entfallen.

Für die kommenden Jahre wird ein rasanter Anstieg des Versands von Biotech- und Pharmaprodukten prognostiziert. Mit seiner innovativen Lösung kann sich DHL in diesem Umfeld positiv von anderen Logistikdienstleistern abheben. Doch nicht nur in der Pharmaindustrie, auch in anderen Branchen hat das Entwicklerteam um Keith Ulrich bereits zahlreiche neue Einsatzmöglichkeiten ausgemacht. So gibt es bereits Überlegungen für Pilotprojekte, in deren Rahmen zum Beispiel die Feuchtigkeit bei Transporten für die Bekleidungsindustrie erfasst wird oder das Ausmaß ungewollter Erschütterungen beim Transport mikroelektronischer Waren. Und auch der Temperatursensor selbst eignet sich noch für viele andere Branchen. Etwa für Schokoladenhersteller, denn durch die Freisetzung von Eiweiß verfärbt sich Schokolade bei zu hoher Temperatur weiß.

Insgesamt ist das DHL Innovation Center ein perfektes Beispiel dafür, wie gezielte Innovationsbemühungen die Grundlagen des Geschäfts festigen können. Dabei erfüllt das Logistikunternehmen alle Anforderungen des ABCs der gemeinschaftlichen Innovation. Durch die Bündelung aller Aktivitäten in einer neuen, starken organisatorischen Einheit können überkommene Strukturen aufgebrochen und gemeinschaftliche Innovationen über Funktionen, Divisionen und Ländergesellschaften hinweg vorangetrieben und durch klare Implementierungspläne in der gesamten Organisation verankert werden (Alignment). Starke Partnerschaften mit Kunden, Technologieführern und Forschungseinrichtungen stellen dabei sicher, dass man bei allen Innovationen über den eigenen Tellerrand hinausschaut (Boundaries). Und das DHL Innovation Center selbst ist wahrscheinlich der beste Ausdruck dafür, wie sehr sich der Deutsche Post World Net-Konzern auf seine Innovationstätigkeit verpflichtet sieht (Commitment).

Die globale Agilität: China und das Vogelnest

Die Olympischen Spiele 2008 in Peking hatten schon lange bevor der erste Wettkampf gestartet wurde ihre erste Attraktion: ein beeindruckendes Olympiastadion, das im Gastland und bald auch in der ganzen Welt als „Vogelnest" bekannt wurde. Das riesige schalenförmige Bauwerk erweckt den Anschein, als sei es chaotisch mit Stahlträgern umflochten, die ganz bewusst an Zweige erinnern. Ein Anblick, der den heimischen Betrachtern gut gefällt. Denn ein Vogelnest ist in der chinesischen Symbolik mit Natur und Wachstum verbunden – und damit emotional zutiefst positiv besetzt. Die Schweizer Stararchitekten Jacques Herzog und Pierre de Meuron, die auch die Allianz Arena in München entwarfen, setzten sich mit diesem emotionalen Konzept gegen alle Mitbewerber durch. Ein französischer Konkurrent hingegen scheiterte an der chinesischen Kultur. Er war mit einem ebenfalls beeindruckenden Entwurf angetreten, der einer überdimensionalen grünen Glaskugel glich. Der Grund für seinen Misserfolg: In China verbindet man mit einer Glaskugel einen Mann, dem von seiner Frau Hörner aufgesetzt werden. Eine kulturelle Falle, der die Schweizer Architekten entgingen, indem sie sich bei der Anfertigung ihres Entwurfs von chinakundigen Experten beraten ließen. Ein Beispiel, das deutlich macht, wie wichtig es ist, fremde Kulturen zu kennen, um erfolgreich mit ihnen zusammenzuarbeiten.[39]

Die meisten Unternehmen stehen heute vor weitreichenden Entscheidungen, wenn sie sich mit den globalen Herausforderungen in ihrem Geschäft befassen – kulturellen wie im Falle des Vogelnests, aber auch traditionell-betriebswirtschaftlichen. Wie etwa sollen sie ihre Organisation gestalten, um Know-how in anderen Teilen der Welt für sich zu nutzen? In welchem

Stadium und für welche Vorhaben sind Partnerschaften, Fusionen oder Übernahmen vorteilhaft? In welche Märkte sollen sie investieren? Und welche Strategien funktionieren angesichts der immer komplexeren globalen Zusammenhänge am besten?

Die zunehmende technische Vernetzung und die immer bessere Erreichbarkeit auch entlegener Länder und Regionen lassen für nahezu jedes Unternehmen neue, vielversprechende Chancen entstehen, um seine globale Reichweite zu vergrößern und so Zugang zu neuen Fachkräften und neuen Märkten zu erhalten. Traditionelle Vorstellungen von der Globalisierung, die vor allem die Möglichkeiten zur Verlagerung ausgewählter Tätigkeiten in Niedriglohnländer und die Chancen des Wirtschaftswachstums in China und Indien im Blick hatten, werden heute von einer neuen Perspektive abgelöst: der *globalen Integration.*

Was sich hinter dieser Perspektive verbirgt, macht eine Gegenüberstellung zu den bisher von den meisten großen Unternehmen verfolgten, als „multinational" bezeichneten Globalisierungsstrategien deutlich: Im Gegensatz zu einem multinationalen Unternehmen, das überall in der Welt Miniunternehmen nach seinem Vorbild aufbaut – mit jeweils komplett eigenen Verwaltungsstrukturen –, bündelt ein global integriertes Unternehmen sein Wissen und seine Arbeitskraft an genau denjenigen Orten, die dafür am besten geeignet sind. Während jede Ländergesellschaft eines multinationalen Unternehmens ihr eigenes „Königreich" war, mit einer eigenen Logistik, eigener Buchhaltung und eigener Personalverwaltung, ist das global integrierte Unternehmen mit seinen internen Prozessen über Ländergrenzen hinweg horizontal organisiert und bedient seinen Markt als Weltmarkt. Statt eine Vielzahl von Buchhaltungs-, Personal- und Logistikabteilungen über den gesamten Globus verstreut vorzuhalten, wickelt das Land mit der höchsten Expertise und dem günstigsten Preis die betreffenden Tätigkeiten, die es am besten beherrscht, zentral mit einem durchgängigen Prozess für alle Ländergesellschaften ab.

Der Trend zur globalen Integration, das zeigen die Forschungsarbeiten von IBM, wird das Bild der Globalisierung in Zukunft maßgeblich prägen. Neun von zehn Unternehmen, egal, in welchem Teil der Welt sie beheimatet sind, planen eine grundlegende Neuausrichtung ihrer Kompetenzen, ihrer Wissensbasis und ihrer Ressourcen, um sich die entsprechenden Vorteile zu sichern.[40] „Der Erfolg der globalen Integration hängt davon ab“, erläutert Toru Uchiike, Vorstandschef von Toshiba America, „wie gut wir die lokal verfügbaren Ressourcen auf den Märkten nutzen können, auf denen wir tätig sind.“ Im Hinblick auf das eigene Selbstverständnis ergänzt er: „Und davon, ob es uns gelingt, unsere Sensibilität für diese Zusammenhänge zu schärfen und einen Sinn für ihre Dringlichkeit zu entwickeln.“

Als besonders chancenreicher Weg, um die Möglichkeiten der globalen Integration zu erschließen, gilt die Zusammenarbeit mit starken globalen Partnern. „Vor ein paar Jahren“, sagt zum Beispiel Jim Guyette, Präsident von Rolls-Royce North America, „waren wir noch ein nationales Unternehmen, heute sind wir international aufgestellt. Unsere integrierte Lieferkette muss in der Lage sein, die Nachfrage in 50 verschiedenen Ländern zu erfüllen. Ohne Experten von außen können wir diese Herausforderung nicht meistern.“

Überdurchschnittlich erfolgreiche Unternehmen arbeiten schon heute intensiver mit starken Partnern zusammen als ihre Wettbewerber.[41] Die Häufigkeit, mit der sie entsprechende Kooperationen eingehen, liegt um 20 Prozent höher als bei unterdurchschnittlich erfolgreichen Unternehmen.[42] Noch deutlicher ist dieser Zusammenhang im Fall von Fusionen und Übernahmen, die für viele Unternehmen ebenfalls eine attraktive Möglichkeit darstellen, um die eigene Reichweite rasch auszudehnen – und so neue Fähigkeiten, neues Wissen und neue Ressourcen in die eigene Organisation zu integrieren und Zugang zu neuen Kunden zu erhalten. Bei überdurchschnittlich erfolgreichen Unternehmen liegt die Häufigkeit von Fusionen und Übernahmen um 55 Prozent höher als bei ihren unterdurchschnittlich erfolgreichen Mitbewerbern.

Angesichts des wirtschaftlichen Aufschwungs und der steigenden Kaufkraft der Verbraucher in vielen Ländern der Welt zählt die Erschließung neuer geografischer Märkte zu den wichtigsten Aspekten der globalen Integration. Wie wichtig es dabei ist, möglichst früh zu agieren, hebt Yasuo Inubushi hervor, Präsident des japanischen Stahlproduzenten Kobe Steel: „Schwellenländer wachsen zunächst nur graduell, dann plötzlich entwickeln sie sich zu bedeutenden Märkten. Wir müssen darauf vorbereitet sein, schnell zu handeln. Dazu müssen wir unser Geschäft bereits heute fundamental verändern, um nicht später nur noch ad hoc reagieren zu können."

Wie schnell sich manche der „neuen" Märkte entwickeln, macht ein einfacher Vergleich deutlich: Während Sie dieses Buch lesen, werden in den USA etwa 100 000 Babys geboren. In China sind es 410 000, in Indien 590 000.[43] China wird im Übrigen schon bald das Land sein, in dem die meisten Menschen englisch sprechen. Und auch die ökonomischen Relationen regen zum Nachdenken an: Wenn man jeden einzelnen Arbeitsplatz der USA nach China verschiffen könnte, besäße China noch immer einen Überschuss an Arbeitskräften.

Lassen Sie uns für einen Moment noch einmal zu den kulturellen Aspekten der globalen Integration zurückkehren. Grundsätzlich, das hat das Vogelnest-Beispiel gezeigt, kommt ihnen bei der Erschließung globaler Märkte eine besondere Bedeutung zu. Schnell kann es dabei zu fatalen Fehlentscheidungen kommen. So machten etwa die Firmen McDonald's und Coca-Cola unliebsame Erfahrungen mit den Wertvorstellungen fremder Kulturen, als 1994 die Fußballweltmeisterschaft in den USA ausgetragen wurde. Damals ließen sie die Flaggen aller teilnehmenden Staaten auf Getränkedosen und Papiertüten drucken – auch die des saudi-arabischen Teams. Dabei übersahen sie, dass die Flagge der Saudis mit den Worten „Es gibt keinen Gott außer Allah und Mohammed ist sein Prophet" versehen ist. Für gläubige Moslems ist die Verwendung dieses Satzes für Werbezwecke und weit mehr noch die Tatsache, dass Papiertüten und Dosen nach ihrem Gebrauch oft auf dem Boden landen und mit den Füßen getreten werden, nicht akzeptabel. Die Gestaltung der Verpackungen musste überarbeitet werden.

Nicht nur gegenüber Kunden, auch in der internen Zusammenarbeit können kulturelle Differenzen Probleme entstehen lassen. „Wir haben denselben Fehler gemacht wie alle anderen auch – wir haben einfach unser bestehendes Team aus unserem eigenen Land eingesetzt, um unser internationales Geschäft zu fördern", räumt der Vorstand eines asiatischen Versorgungsunternehmens ein. „Dann wurde uns klar, dass das nicht funktioniert." Doch selbst wenn man versucht, sich ganz bewusst auf die Kultur seines Gegenübers einzulassen, kann dies zu originellen Stilblüten führen. So wie im Fall einer deutschen Managerin, die beruflich in Indien zu tun hatte. Für eine Abendveranstaltung mit ihren Kollegen und Kunden vor Ort wollte sie sich besonders gut an die Kultur des Gastlandes anpassen und kaufte sich einen Sari – ein traditionelles indisches Kleidungsstück für Frauen. Zu ihrer Verwunderung sprach keiner ihrer Kollegen und auch keiner ihrer Kunden an jenem Abend ein Wort mit ihr. Als sie schließlich verärgert in ihr Hotel zurückkam, wurde sie vom Portier, der in Amerika aufgewachsen war, beiseite genommen. Voller Verwunderung fragte er, warum sie denn in einem Nachthemd herumlaufe. Ohne es zu wissen, hatte sich die Topmanagerin einen Schlafsari zugelegt, den man in Indien in etwa so trägt wie in Europa einen Pyjama. Und weil man auf der Abendveranstaltung ihr Gesicht wahren wollte, sprach niemand sie an.

Kulturelle Anpassungsversuche erfordern Fingerspitzengefühl. Als vor Kurzem ein Manager aus Singapur in Stuttgart zu Gast war – ein feiner, graziler älterer Herr – wollten ihm seine Gastgeber etwas Besonderes bieten. Es war Ende September und auf dem Cannstatter Wasen hatte gerade das alljährliche Volksfest begonnen, das die Stuttgarter mit der gleichen Inbrunst feiern wie die Münchner ihr Oktoberfest. Man lud den Gast ein – und wunderte sich über sein rüdes, lautes Benehmen, das so gar nicht zu seiner ansonsten distinguierten Art zu passen schien. Schnell schob man es auf den Alkohol, den Asiaten ja bekanntlich weniger gut vertragen als wir Europäer. Am nächsten Tag fasste sich die Gastgeberin ein Herz und sprach ihn auf sein Verhalten an. Voller Verwunderung und zutiefst betroffen erklärte er: „Wieso, was habe ich denn falsch gemacht? Ich wollte mich doch nur genau so verhalten, wie ihr Deutschen das tut."

Verlassen wir den Bereich der kulturellen Fauxpas und wenden wir uns noch einmal dem grundsätzlichen Umgang mit dem Trend zur globalen Integration zu. Wie wird das Unternehmen der Zukunft mit dieser Herausforderung umgehen? Schon heute lässt sich beobachten, dass viele Unternehmen mit einer Reihe von gut aufeinander abgestimmten Maßnahmen versuchen, den globalen Trend zu berücksichtigen. Ihre Entscheidungen und Pläne in einem Bereich stehen dabei häufig mit denen in anderen Bereichen in Zusammenhang. Viele der eingeleiteten Maßnahmen bilden ein aufeinander abgestimmtes Muster, das mithilfe sogenannter Data-Clustering-Verfahren zu vier besonders häufigen Ansätzen der globalen Integration verdichtet werden kann (siehe Abb. 9).

Die zwei am häufigsten verfolgten Ansätze sind global ausgerichtet, ein weiterer Ansatz konzentriert sich auf lokale Märkte, der vierte liegt zwischen diesen beiden Extremen. Eine genauere Analyse zeigt, dass in den beiden Gruppen, die einen global orientierten Ansatz verfolgen, ein größerer Anteil an überdurch-

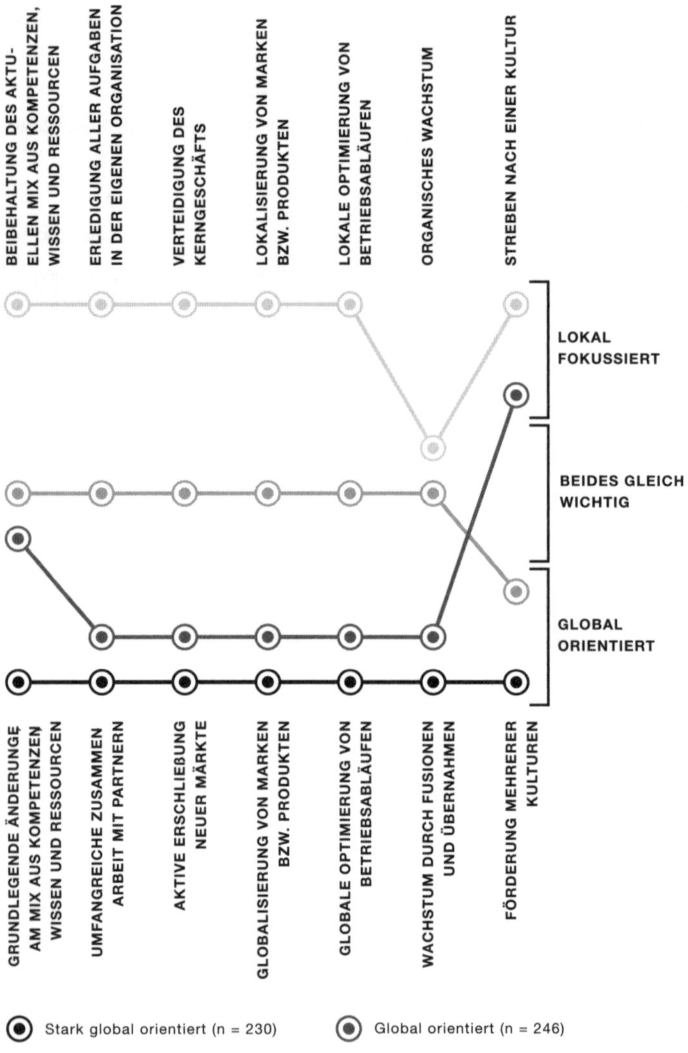

Quelle: IBM Global CEO Study 2008

Abb. 9: Unterschiedliche Ansätze der globalen Integration

schnittlich erfolgreichen Unternehmen zu finden ist.[44] Die Ähnlichkeit beider Gruppen deutet darauf hin, dass die Führungskräfte finanziell erfolgreicherer Unternehmen in der Regel eine genauere Vorstellung von der Ausgestaltung ihres Geschäftsmodells haben. Sie entscheiden sich für eine umfangreiche Zusammenarbeit mit Partnern, um Zugang zu globalem Know-how zu erhalten, erschließen aktiv neue Märkte, setzen auf die globale Optimierung ihrer Marken, Produkte und Prozesse und nutzen Fusionen und Übernahmen zum Ausbau ihres Unternehmens und zur globalen Ausweitung ihrer Kompetenzen.

Die Ansätze zur globalen Integration werden von erfolgreichen Unternehmen exakt auf ihre individuelle Situation abgestimmt. So müssen etwa globale Marken und Produkte auch lokalen Ansprüchen gerecht werden. „Produkte müssen lokal sein, mit einer globalen Marke“, erläutert etwa Georg Bauer, Vorstandschef von BMW Financial Services. „Ich sehe uns als eine global integrierte Organisation mit lokaler Präsenz und lokal angepassten Produkten.“

Bei der Ausgestaltung der Geschäftsprozesse scheiden sich die Ansätze zur globalen Integration. Von einer globalen Zusammenführung sogenannter Backoffice-Funktionen, etwa der Lohnbuchhaltung, der Reisekostenabrechnung oder der Beschaffung von Sekundärgütern, gehen große Synergiepotenziale aus. Bei Kernprozessen hingegen sieht dies anders aus. So muss zum Beispiel die Fertigung von Produkten, die schwer, sperrig oder nicht versandfähig sind, in vielen Fällen vor Ort optimiert werden. Vertriebs- und Markteinführungsprozesse erfordern in der Regel lokales Know-how und Fachwissen. Ein Vorstand aus Italien formuliert es folgendermaßen: „Unser Geschäftsmodell basiert auf der Konsolidierung und Globalisierung von Backoffice-Prozessen, wodurch wir eine kritische Masse erreichen wollen, und auf der Lokalisierung von geschäftsspezifischen Komponenten, die eng mit lokalen Märkten verknüpft sind.“

Im Folgenden wollen wir aufzeigen, wie sich das Unternehmen der Zukunft die Chancen der globalen Integration zunutze machen wird:

Das Unternehmen der Zukunft ...

... integriert Kompetenzen auf globaler Ebene, um sich von Mitbewerbern zu differenzieren

Das Unternehmen der Zukunft sucht weltweit nach Know-how, Ressourcen und Kompetenzen, mit denen es sich von der Konkurrenz abheben kann. Dabei ist es sehr viel wichtiger, Mitarbeiter mit den richtigen Qualifikationen zu finden, als solche, die kostengünstig sind. Die Kompetenzzentren, die das Unternehmen der Zukunft errichtet, sind global integriert, sodass die besten Fähigkeiten, Know-how-Träger und Ressourcen stets dort eingesetzt werden können, wo sie strategisch benötigt werden.

... erarbeitet ein sorgfältig abgestimmtes globales Geschäftsmodell

Das Unternehmen der Zukunft erstellt sein global integriertes und optimiertes Geschäftsmodell auf der Basis der speziellen Kombination aus Fähigkeiten, Branchen und Regionen, die für das Unternehmen relevant sind. Es legt in einem strategischen Plan fest, welche Qualifikationen im eigenen Unternehmen verbleiben und welche durch Partnerschaften oder Übernahmen erworben werden sollen. Und wenn sich das Unternehmen der Zukunft für eine Übernahme entscheidet, weiß es genau, wie diese zu managen ist, damit die erwarteten Synergien und Potenziale in vollem Umfang ausgeschöpft werden können.

... findet und beseitigt Hürden, die der globalen Integration im Wege stehen

Dank anpassungsfähiger Ressourcen kann das Unternehmen der Zukunft flexibler auf dem Markt agieren. Es trifft Standortentscheidungen auf der Grundlage von Markt- und Geschäftsanforderungen, nicht auf der Basis von Grundeigentumsurkunden oder Leasingverträgen. Mithilfe modularer Informationstechnologie, zum Beispiel einer serviceorientierten Architektur, kann das Unternehmen der Zukunft rasch auf neue Produkt- und Servicechancen reagieren und neue Partner schneller einbinden.

... baut globale Führungskräfte auf

Im Unternehmen der Zukunft werden Topnachwuchskräfte mithilfe globaler Entwicklungsprogramme im gesamten Unternehmen ermittelt, nicht nur von der Firmenzentrale aus. Diese Programme begleiten künftige Führungskräfte durch mehrere Auslandseinsätze auf der ganzen Welt, bei denen sie verschiedene Kulturen und Märkte kennenlernen.

... weiß, wie wichtig soziale Netzwerke innerhalb und außerhalb des Unternehmens sind

Tools für die soziale Vernetzung und für die Online-Zusammenarbeit in „Echtzeit" verbessern im Unternehmen der Zukunft die Kommunikation und überbrücken die Distanz zwischen Mitarbeitern an unterschiedlichen Standorten. Gute Ideen entstehen und verbreiten sich schneller und Probleme werden schneller gelöst.

Auch hinsichtlich der globalen Agilität eines Unternehmens lassen sich fünf empirische Reifegrade auf dem Weg zum Unternehmen der Zukunft unterscheiden.

Die fünf Evolutionsstufen der globalen Integration:

1. *Globale Chancen werden ausgelotet*

   Auf der ersten Stufe der globalen Integration beginnen Unternehmen, die Potenziale einer globalen Ausweitung ihrer Aktivitäten zu identifizieren und zu analysieren. Typisch ist dies vor allem für Unternehmen, die auf lokalen Märkten mit staatlich regulierten Eintrittsbarrieren tätig sind, sodass ihr eigenes Heimatgeschäft vor Angeboten aus Drittländern geschützt ist.

2. *Spezifische globale Initiativen werden aufgesetzt*

   Mit abnehmender Regulierung des Heimatmarktes beginnen vor allem Unternehmen, die mit Arbeitskräften, Lieferanten und Partnern zusammenarbeiten, deren Aktivitäten auf eine einzelne Region beziehungsweise auf eine bestimmte Sprache begrenzt sind, gezielt die ersten globalen Initiativen aufzusetzen.

3. *Globale Kompetenzen werden systematisch ausgebaut*

   Wenn die Anfälligkeit des eigenen Geschäfts gegenüber Billigangeboten aus Drittländern zunimmt oder wenn die Informations- beziehungsweise Wissenskomponente, die in den eigenen Produkten und Dienstleistungen enthalten ist, stark zunimmt, beginnen immer mehr Unternehmen, ihre globalen Kompetenzen systematisch auszubauen.

4. *Globale Exzellenzzentren werden etabliert*

   Auf der vierten Stufe mündet der Ausbau der globalen Kompetenzen in einen gezielten Aufbau globaler Exzellenzzentren, die einzelne Funktionen, Technologien oder Geschäftsprozesse für alle Standorte des Unternehmens zentral betreiben.

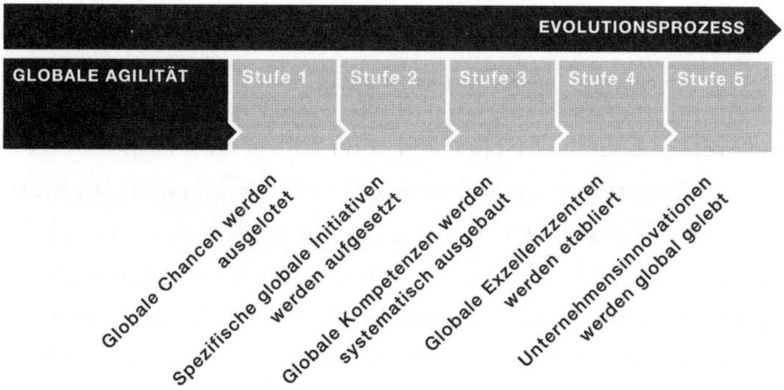

Abb. 10: Evolutionsstufen der globalen Agilität

5. *Unternehmensinnovationen werden global gelebt*

Während die ersten vier Stufen darauf abzielen, das eigene Geschäft durch eine optimierte Verteilung von Aufgaben und Ressourcen global effizient und effektiv zu gestalten, steht auf der fünften Stufe der Gedanke der gemeinschaftlichen globalen Weiterentwicklung im Vordergrund. Die fünfte Stufe entspricht auch hier wieder den oben beschriebenen Eigenschaften des Unternehmens der Zukunft. In einem Umfeld, in dem die Arbeitskräfte, die Lieferanten und Partner des Unternehmens ebenso wie seine internen Steuerungssysteme global einsetzbar sind, werden innovative Entwicklungsschritte zu einer global integrierten, kooperativen Gemeinschaftsleistung.

Abb. 1 lässt sich im Hinblick auf die einzelnen Stufen der dritten Dimension des strategischen Evolutionsprozesses somit wie in Abb. 10 gezeigt konkretisieren.

Im Folgenden wollen wir Ihnen ein Unternehmen vorstellen, das in Bezug auf seine globale Agilität vielen anderen Unternehmen ein gutes Beispiel sein kann: Li & Fung, eines der größten Handelshäuser der Welt.

Global integriert: das Netzwerk von Li & Fung

„Sie sind intelligent, hochgebildet, zielstrebig."[45] Thomas Middelhoff, Ex-Vorstandschef des angeschlagenen Handels- und Touristikkonzerns Arcandor, zeigte sich beeindruckt. Im Sommer 2006 hatte er den Brüdern Victor und William Fung, die von Hongkong aus eines der größten global integrierten Netzwerke der Welt steuern, sämtliche Importgeschäfte seiner Konzernbereiche Karstadt, Quelle, Neckermann und einiger anderer Spezialversender übertragen. Insgesamt ergab sich ein Auftragsvolumen von über zwei Milliarden Euro, das über Li & Fung, das Unternehmen der beiden Brüder, abgewickelt werden sollte. Die bisherige Einkaufstochter von Arcandor, die mit 1 100 Mitarbeitern von St. Gallen aus operierte, wurde für 60 Millionen Euro an Li & Fung verkauft. Eine Verringerung der Einkaufspreise um bis zu zehn Prozent versprach man sich von diesem Schritt, außerdem wollte man das Betriebskapital um eine halbe Milliarde Euro verringern, da Li & Fung gegenüber seinen Lieferanten ein längeres Zahlungsziel besaß und der Arcandor-Konzern seine Rechnungen nun erst innerhalb von 120 Tagen begleichen muss – zuvor waren es 20.

Wie viele andere traditionelle chinesische Exportfirmen auch hatte sich Li & Fung, ein 1906 in Kanton im Süden Chinas gegründetes Familienunternehmen, zunächst auf die Vermittlung zwischen asiatischen Fertigungsunternehmen und Händlern in Übersee spezialisiert. Mitte der 70er-Jahre, als die Brüder Victor und William Fung die Firma übernahmen, war das Unternehmen in finanzielle Schwierigkeiten geraten. Die Vermittlungsleistungen, die es anbot, wurden immer seltener nachgefragt, denn für die Hersteller und ihre Abnehmer wurde es immer einfacher, direkt miteinander in Verbindung zu treten. Die Brüder, beide Absolventen renommierter amerikanischer Universitäten – Victor lehrte sogar selbst vier Jahre als Professor an der Harvard

Business School –, wussten, dass eine fundamentale Neuausrichtung ihres Geschäftsmodells unausweichlich war, um auf den Wandel der Märkte zu reagieren. Statt wie zuvor nur zwei Glieder der Wertschöpfungskette – Hersteller und Händler – miteinander zu verbinden, bauten sie Li & Fung zum Dirigenten eines komplexen Prozessnetzwerkes um. „Wir orchestrieren", beschreibt William Fung das Modell.[46]

Li & Fung koordiniert für Unternehmen wie Tommy Hilfiger, Esprit, Nike, Laura Ashley, Wal-Mart, Metro und Walt Disney den Beschaffungsprozess. So wird etwa Garn aus Korea in Taiwan zu Stoff gewebt und gefärbt, in Bangladesch zugeschnitten, in Thailand vernäht und mit einem passenden Reißverschluss versehen, der in Japan hergestellt wurde. Ist alles fertig, wird es in die USA, nach Europa oder in andere Abnehmerregionen verschifft. Kommt es irgendwo zu Problemen, kann schnell umgesteuert werden. Dann wird in Pakistan gewebt und in Kambodscha genäht – entscheidend ist stets die Konstellation, die zum besten Endergebnis führt. Mit einem Netz aus 10 000 Lieferanten und Mitarbeitern in 40 verschiedenen Ländern kann Li & Fung Waren von praktisch überall auf der Welt beziehen und innerhalb kürzester Zeit maßgeschneiderte Lösungen für seine Kunden anbieten. In ganz eiligen Fällen kann eine spezielle Abteilung schon wenige Stunden, nachdem ein Auftrag über das Internet eingegangen ist, mit der Produktion beginnen.

Interessant ist, dass Li & Fung die Lieferkette für jeden Kunden koordiniert, ohne dass dem Unternehmen selbst ein Teil davon gehört – kein einziger der mit der Herstellung und Verarbeitung betrauten Betriebe, kein einziges der für den Transport der Produkte eingesetzten Fahrzeuge. Das Unternehmen ist ein reiner Netzwerk- und Prozessgestalter. Auch wenn die Partner, die in diesem Netzwerk bestimmte Aufgaben übernehmen, oft wechseln, bemüht sich Li & Fung um eine feste und dauerhafte Beziehung. Ein Interesse, das auch die vielen Partner teilen, denn dank seiner langjährigen Kontakte zu den wichtigsten Auftraggebern in aller Welt kann ihnen Li & Fung verlässliche Geschäfte in beträchtlichem Umfang garantieren. Victor und William Fung verfolgen sogar das Ziel, mit ihren Aufträgen 30 bis 70 Prozent der Kapazität jedes Zulieferers auszulasten. Mindestens 30 Prozent sollen es sein, damit sie selbst für den Partner eine maßgebliche Bedeutung besitzen und sich ein klares Bild von seiner Leistungsfähigkeit machen können. Die Höchstgrenze von 70 Prozent haben sie sich gesetzt, damit ihre Partner nicht in eine zu starke Abhängigkeit geraten.

Li & Fung hat sich kontinuierlich in der Wertschöpfungskette nach oben gearbeitet, indem das Unternehmen seinen Mix aus Fähigkeiten, Wissen und Ressourcen so verändert hat, dass es dazu in der Lage war, immer anspruchsvollere und rentablere Dienstleistungen anzubieten. Um etwa in seinem größten Markt, den USA, auch mit Dienstleistungen zum Produktdesign und zur Markenentwicklung Fuß zu fassen, baute sich das Unternehmen eine bedeutende Präsenz im Land selbst auf – getreu dem Motto, global zu agieren und dabei doch stets lokalen Ansprüchen gerecht zu werden.

Dabei sind Übernahmen wie die der Beschaffungsorganisation von Arcandor – insgesamt hat Li & Fung in den letzten zehn Jahren mehr als 20 solcher Übernahmen getätigt – eine wichtige Möglichkeit, um den Marktanteil in geografischen Zielmärkten auszubauen. In der Regel behält das Unternehmen das „Front End", die Schnittstelle zum ehemaligen Mutterkonzern, aufrecht, denn die Kundenbeziehung ist zumeist der entscheidende Grund für eine Übernahme. Das „Back End" hingegen, die Abwicklung der Beschaffungsprozesse selbst, wird üblicherweise innerhalb von 100 Tagen nach Abschluss des Übernahmevertrags mit den eigenen Prozessen fusioniert.

Li & Fung ist mit seinem global integrierten Geschäftsmodell zum weltweit größten Lieferketten-Dienstleister aufgestiegen.

Daneben hat das Unternehmen in Asien ein profitables Vertriebs- und Handelsgeschäft aufgebaut. Insgesamt macht die Gruppe heute mit rund 12 000 Beschäftigten einen Umsatz von zwölf Milliarden Dollar – das sind gut eine Million Dollar Umsatz pro Angestellten. Die Eigenkapitalrendite von etwa 30 Prozent gilt im Handelsgeschäft fast schon als frech. Victor Fung selbst wird vom Magazin *Forbes* mit einem Vermögen von über zwei Milliarden Dollar auf Rang 215 in der Liste der reichsten Menschen in Amerika geführt.

X WISSEN:
So finden Sie die Missing Links der globalen Integration

Auch die globale Agilität des eigenen Unternehmens und die der relevanten Wettbewerber kann mithilfe geeigneter Checklisten bewertet werden. Sie finden diese auf den folgenden Seiten. Zur Ermittlung der strategischen Evolutionsstufe kreuzen Sie in der hierfür vorgesehenen Liste wiederum diejenigen Stufen an, die für Ihr Unternehmen kennzeichnend sind. Aus dem Durchschnitt der drei höchsten Stufenwerte ergibt sich die Position, die Ihr Unternehmen für die Zukunft anstreben sollte. Auch zur Bestimmung der Ausgangslage Ihres eigenen Unternehmens und der Ihrer Wettbewerber finden Sie eine entsprechende Liste. Die aktuelle Evolutionsstufe, die Ihr Unternehmen beziehungsweise Ihre Konkurrenz im Hinblick auf die globale Agilität erreicht hat, resultiert wiederum aus dem Durchschnitt der drei jeweils höchsten Einzelbewertungen.

Wir möchten auch an dieser Stelle noch einmal auf die Möglichkeit hinweisen, unter *www.missing-link-online.com* eine exakte Einordnung des eigenen Unternehmens im Kontext seiner Branche vorzunehmen.

Die strategische Evolutionsstufe der globalen Agilität (1/2)

Bitte kreuzen Sie jeweils den Stufenwert an, der für Ihr Unternehmen zutreffend ist.

Stufe 1	Stufe 2	Stufe 3	Stufe 4	Stufe 5
Globale Chancen werden ausgelotet	*Spezifische globale Initiativen werden aufgesetzt*	*Globale Kompetenzen werden systematisch ausgebaut*	*Globale Exzellenzzentren werden etabliert*	*Unternehmensinnovationen werden global gelebt*

Tragen Sie hier bitte die Branche ein, in der Ihr Unternehmen tätig ist.				
________________________________				
Was ist Ihr strategisches Ziel im Hinblick auf die Geografie Ihres Zielmarktes für die nächsten fünf Jahre?				
Lokaler Markt mit rechtlichen Eintrittsbarrieren ☐	Lokaler Markt mit Sprachbarrieren ☐	Lokaler Markt mit geringen Barrieren ☐	Internationaler Markt mit sehr wenigen Barrieren ☐	Globaler Markt ohne jegliche Barriere ☐
Wie global sind die verfügbaren Arbeitskräfte, Lieferanten und Partner sowie die technischen und betriebswirtschaftlichen Hilfsmittel zur Unterstützung Ihres Geschäfts?				
Begrenzt auf eine Stadt oder eine lokale Region ☐	Begrenzt auf ein Land oder eine Sprache ☐	Begrenzt auf einige wenige Länder ☐	In vielen Ländern verfügbar ☐	Global verfügbar ☐
Man schätzt, dass das Bruttosozialprodukt (BSP) der sieben wichtigsten Schwellenländer innerhalb der nächsten 40 Jahre von heute 20 Prozent des BSP der G-7-Staaten so stark anwachsen wird, dass es das BSP der G 7 übersteigt. Welchen Einfluss hätte eine solche Entwicklung auf Ihre Branche?				
Keine Auswirkungen ☐	Geringe Auswirkungen ☐	Mittlere Auswirkungen ☐	Hohe Auswirkungen ☐	Kritische Auswirkungen ☐

Die strategische Evolutionsstufe der globalen Agilität (2/2)

Bitte kreuzen Sie jeweils den Stufenwert an, der für Ihr Unternehmen zutreffend ist.

Stufe 1	Stufe 2	Stufe 3	Stufe 4	Stufe 5
Globale Chancen werden ausgelotet	*Spezifische globale Initiativen werden aufgesetzt*	*Globale Kompetenzen werden systematisch ausgebaut*	*Globale Exzellenzzentren werden etabliert*	*Unternehmensinnovationen werden global gelebt*

Innovationen im Bereich der Informations- und Kommunikationstechnologien haben die Globalisierung über physische Waren hinaus auch auf Dienstleistungen ausgeweitet. Wie anfällig ist Ihr Unternehmen gegenüber preisgünstigen Alternativen der von Ihnen angebotenen Produkte und Leistungen aus Drittländern?				
Keine Anfälligkeit ☐	Geringe Anfälligkeit ☐	Mittlere Anfälligkeit ☐	Hohe Anfälligkeit ☐	Kritische Anfälligkeit ☐
Wie hoch ist der wertmäßige Anteil an Ihren Produkten oder Dienstleistungen, den Sie als „Information" oder „(Experten-) Wissen" charakterisieren würden?				
< 10 % ☐	10 % – 25 % ☐	26 % – 50 % ☐	51 % – 75 % ☐	> 75 % ☐

Strategische Evolutionsstufe des eigenen Unternehmens: ________

Die strategische Evolutionsstufe, die Ihr Unternehmen im Hinblick auf seine globale Agilität anstreben sollte, ergibt sich aus dem Durchschnitt der drei höchsten Stufenwerte, die von Ihnen angekreuzt wurden.

Die aktuelle Evolutionsstufe der globalen Agilität (1/2)

Tragen Sie in die vorgesehenen Felder die Werte ein, die für Ihr Unternehmen beziehungsweise für Ihre Wettbewerber zutreffend sind.

Stufe 1	Stufe 2	Stufe 3	Stufe 4	Stufe 5
Globale Chancen werden ausgelotet	*Spezifische globale Initiativen werden aufgesetzt*	*Globale Kompetenzen werden systematisch ausgebaut*	*Globale Exzellenzzentren werden etabliert*	*Unternehmensinnovationen werden global gelebt*

Tragen Sie hier bitte die Branche ein, in der Ihr Unternehmen tätig ist.				
______				
Die gegenwärtige Balance, die Ihr Unternehmen/Ihr Wettbewerb zwischen globaler Ausrichtung und regionaler Spezialisierung gewählt hat, führt in Ihrer Branche zu einem messbaren Wettbewerbsvorteil.				
Trifft nicht zu				Trifft voll zu
1	2	3	4	5
Bitte Wert für eigenes Unternehmen eintragen:				______
Bitte Wert für Wettbewerber eintragen:				______
Unter „Globalisierung" wird von Ihrem Unternehmen/Ihrem Wettbewerb ein dynamischer Prozess verstanden, in dessen Rahmen permanent die besten Opportunitäten in Bezug auf neue, attraktivere Absatz- und Beschaffungsmärkte verfolgt werden.				
Trifft nicht zu				Trifft voll zu
1	2	3	4	5
Bitte Wert für eigenes Unternehmen eintragen:				______
Bitte Wert für Wettbewerber eintragen:				______
Die Unternehmensprozesse und -funktionen Ihres Unternehmens/Ihres Wettbewerbs sind über alle Regionen standardisiert und werden international dort angesiedelt, wo sie am besten (Fähigkeiten und Wissen) und am effizientesten (Kosten) erbracht werden können.				
Trifft nicht zu				Trifft voll zu
1	2	3	4	5
Bitte Wert für eigenes Unternehmen eintragen:				______
Bitte Wert für Wettbewerber eintragen:				______

Die aktuelle Evolutionsstufe der globalen Agilität (2/2)

Tragen Sie in die vorgesehenen Felder die Werte ein, die für Ihr Unternehmen beziehungsweise für Ihre Wettbewerber zutreffend sind.

Stufe 1	**Stufe 2**	**Stufe 3**	**Stufe 4**	**Stufe 5**
Globale Chancen werden ausgelotet	*Spezifische globale Initiativen werden aufgesetzt*	*Globale Kompetenzen werden systematisch ausgebaut*	*Globale Exzellenzzentren werden etabliert*	*Unternehmensinnovationen werden global gelebt*

Der interkulturelle Austausch und die Bereitschaft zur globalen Zusammenarbeit sind in Ihrem Unternehmen/für Ihren Wettbewerb Teil des Unternehmensverständnisses. Es kann auf gute Fähigkeiten zum interkulturellen Management zurückgegriffen werden.				
Trifft nicht zu				Trifft voll zu
1	2	3	4	5
Bitte Wert für eigenes Unternehmen eintragen:				________
Bitte Wert für Wettbewerber eintragen:				________
Die internen Systeme, die Ihr Unternehmen/Ihr Wettbewerb zur Unternehmenssteuerung einsetzt, werden den Anforderungen einer global vernetzten und integriert arbeitenden Organisation gerecht.				
Trifft nicht zu				Trifft voll zu
1	2	3	4	5
Bitte Wert für eigenes Unternehmen eintragen:				________
Bitte Wert für Wettbewerber eintragen:				________

Aktuelle Evolutionsstufe des eigenen Unternehmens:	________
Aktuelle Evolutionsstufe der Wettbewerber:	________

Die aktuellen Evolutionsstufen Ihres Unternehmens und Ihrer Wettbewerber ergeben sich aus dem Durchschnitt der drei jeweils höchsten Stufenwerte. Eine exakte Einordnung Ihres Unternehmens im Kontext seiner Branche können Sie unter *www.missing-link-online.com* vornehmen.

✔ HANDELN:

So überwinden Sie die Missing Links der globalen Integration

Besteht in Ihrem Unternehmen ein Missing Link im Hinblick auf seine globale Agilität? Die Werte, die Sie mithilfe unserer Checklisten ermittelt haben, können Sie wiederum mithilfe der im vorangegangenen Kapitel beschriebenen Kennzahlen interpretieren. Wie groß ist das Ausmaß des Missing Link? Wie ist es um die Dringlichkeit bestellt, mit der er überwunden werden muss? Auf der Grundlage der Evolutionsstufe, die Ihr Unternehmen bereits erreicht hat, und derjenigen, die es in absehbarer Zukunft erreichen muss, lassen sich zudem die konkreten Maßnahmen ableiten, die ergriffen werden müssen, um den Missing Link in einen Connecting Link zu transformieren. Im Folgenden haben wir diese wiederum entlang der vier zentralen Handlungsfelder – Strategie, Mitarbeiter, Prozesse und Technologie – systematisiert. Auch an dieser Stelle möchten wir noch einmal darauf hinweisen, dass bei der Transformation von einer Stufe zur nächsten auch sämtliche Maßnahmen der vorangegangenen Transformationen, die noch nicht umgesetzt wurden, berücksichtigt werden müssen.

Was ist zu tun – wenn Sie Stufe 1 noch nicht erreicht haben?

- *Strategie:* Analysieren Sie unterschiedliche globale strategische Ziele – zum Beispiel hinsichtlich Kosten, Umsatz und Wettbewerbsposition – und priorisieren Sie verschiedene darauf abgestimmte Handlungsoptionen.
- *Mitarbeiter:* Definieren Sie Ihre Ansprüche an globale Ressourcen, die globalen Qualifikationen Ihrer Mitarbeiter und die globalen Kompetenzen potenzieller strategischer Partner

und legen Sie diese in einem kontinuierlich fortgeschriebenen Dokument schriftlich nieder.

- *Prozesse:* Analysieren und priorisieren Sie mögliche Verbesserungen in den Prozessen und Arbeitsabläufen Ihres Unternehmens, die Ihre globale Agilität verbessern und Ihrem Unternehmen einen besseren Zugriff auf globale Ressourcen ermöglichen.
- *Technologie:* Stellen Sie eine Liste der wichtigsten technologischen Barrieren in Ihrem Unternehmen und in Ihrer Branche zusammen. Identifizieren Sie zudem alle neuen technologischen Herausforderungen, die in einem globalen Kontext an Ihr Unternehmen gestellt werden. Entwickeln Sie auf dieser Basis einen konkreten Plan, der den Rahmen vorgibt, um Ihre technologische Basis weiterzuentwickeln.

Was ist zu tun – zur Transformation von Stufe 1 zu Stufe 2?

- *Strategie:* Investieren Sie in und lernen Sie aus gezielten globalen Initiativen, die Sie in unterschiedlichsten Bereichen aufsetzen können – im Hinblick auf Ihre operativen Prozesse, Ihre Märkte, Ihre Kunden, Ihre Partner und auch als soziale oder politische Initiativen.
- *Mitarbeiter:* Entwickeln Sie einen konkreten Plan, in dem Sie festlegen, wie Sie Ihre globalen Ressourcen, die globalen Qualifikationen Ihrer Mitarbeiter und Ihre strategischen Partner gezielt zum eigenen Vorteil einsetzen können. Fördern Sie zudem explizit die kulturelle und geografische Vielfalt in Ihrem Unternehmen.
- *Prozesse:* Verbessern Sie die Effektivität Ihrer Prozesse durch einheitliche Arbeitsabläufe, Standardisierung und funktionale Spezialisierung.

- *Technologie:* Optimieren Sie die von Ihrem Unternehmen eingesetzten Technologien über durchgängige Prozesse hinweg. Bringen Sie zudem technologische Initiativen auf den Weg, etwa zur Virtualisierung oder zu umweltverträglichen Datenzentren.

Was ist zu tun – zur Transformation von Stufe 2 zu Stufe 3?

- *Strategie:* Bauen Sie Ihre Fähigkeiten aus im Hinblick auf den wirksamen Einsatz globaler Ressourcen, die Fähigkeit, heterogene globale Märkte zu bedienen und die Wertschöpfung in einem spezialisierten Partnernetzwerk zu managen.
- *Mitarbeiter:* Stellen Sie Ihren Mitarbeitern Hilfsmittel und Dienstleistungen zur Kooperation und zum gemeinschaftlichen Arbeiten zur Verfügung. Identifizieren, rekrutieren und fördern Sie zudem hoch qualifizierte Mitarbeiter, unabhängig von ihrem Standort.
- *Prozesse:* Bauen Sie modulare Geschäftsprozesse auf – innerhalb Ihrer eigenen Organisation und über Ihr gesamtes Partnernetzwerk hinweg. Etablieren Sie zudem ein ausgereiftes Risikomanagement- und Kontrollsystem, mit einem Fokus auf Transparenz und Agilität.
- *Technologie:* Gestalten Sie einheitliche Plattformen, die Technologien, Prozesse und Daten integrieren. Ermöglichen Sie zudem auf der technologischen Seite immer schnellere und immer häufigere Geschäftsmodell- und Prozessinnovationen.

Was ist zu tun – zur Transformation von Stufe 3 zu Stufe 4?

- *Strategie:* Achten Sie darauf, die richtige Balance zwischen einer globalen und einer lokalen Optimierung zu etablieren. Fokussieren Sie zudem Ihre Organisations- und Managementpraktiken explizit auf das Erreichen von konkreten Resultaten.

- *Mitarbeiter:* Würdigen Sie kooperatives Verhalten und gemeinschaftliche Aktivitäten. Etablieren Sie Strukturen, in denen sich hoch qualifizierte Mitarbeiter an allen Standorten Ihres Unternehmens gegenseitig befruchten. Richten Sie zudem globale Exzellenzzentren ein, um die Leistungsfähigkeit Ihrer gesamten Organisation gezielt zu fördern.
- *Prozesse:* Richten Sie Ihre Prozesse nach einem neuen Paradigma aus: spezialisierten, modularen operativen Tätigkeiten entlang der Wertschöpfungskette.
- *Technologie:* Etablieren Sie ein neues IT-Paradigma, das den Geschäftsbereichen Ihres Unternehmens einen flexiblen Zugriff auf alle erforderlichen technologischen Services ermöglicht – auf Daten, Informationen, Rechnerkapazitäten, Speichermöglichkeiten, Netzwerke etc.

Was ist zu tun – zur Transformation von Stufe 4 zu Stufe 5?

- *Strategie:* Nehmen Sie eine aktive Position im Hinblick auf die vielfältigen Hebel zur globalen Weiterentwicklung Ihres Unternehmens ein – mit dem Ziel, neue Werte zu schaffen und die Marktführerschaft in Ihrer Branche zu erlangen beziehungsweise zu verteidigen.
- *Mitarbeiter:* Binden Sie kooperative, gemeinschaftlich erzielte Leistungen und Erfolge in die Führungssysteme Ihres Unternehmens ein, sodass sie durch Zielvereinbarungen und -kontrollen in einem motivierenden Umfeld mit Bonusregelungen, Aufstiegsmöglichkeiten und anderen Anreizen gefördert werden. Suchen Sie zudem nach neuen Geschäftsgelegenheiten, die sich aus einer globalen Rekrutierung hoch qualifizierter Mitarbeiter ergeben.
- *Prozesse:* Gestalten Sie Ihre Geschäftsprozesse so, dass sie ganz gezielt darauf ausgerichtet sind, marktbezogene Innovationen

zu ermöglichen.[47] Richten Sie die Prozesse dabei so aus, dass sie ein offenes Innovationsklima unterstützen. Schöpfen Sie zudem die Möglichkeiten globaler Exzellenzzentren weitestmöglich aus, um die Leistungsfähigkeit Ihrer gesamten Organisation zu optimieren.

- *Technologie:* Gestalten Sie technologische Services, die explizit darauf ausgerichtet sind, marktbezogene Innovationen zu ermöglichen. Stellen Sie eine globale technologische Plattform zur Verfügung, die im gesamten Partnernetzwerk einen offenen Umgang mit Innovationen unterstützt.

Die globale Integration der Geschäftstätigkeit, die Einrichtung weltweiter Exzellenzzentren, die Gestaltung effizienter Prozesse, die über Ländergrenzen hinweg horizontal organisiert sind – die Anforderungen, die die globale Agilität an ein Unternehmen stellt, steigen von Stufe zu Stufe der Evolution. Diesen Anforderungen gerecht zu werden ist keine leichte Aufgabe. Im Folgenden wollen wir einen methodischen Rahmen vorstellen, der seinen Ursprung in den Erfahrungen hat, die IBM im Zuge der eigenen globalen Aufstellung sammeln konnte. Er folgt dem eingangs beschriebenen Paradigma eines global integrierten Unternehmens,

- das alle seine Aktivitäten – sein Rechnungswesen, seine Entwicklung, seine Einkaufsabteilung etc. – genau dort ansiedelt, wo sie am besten ausgeführt werden können,
- das seine Organisation – seine Prozesse, seine Technologien, seine Fähigkeiten, seine Ressourcen etc. – modularisiert und spezialisiert,
- das sowohl intern als auch im Verhältnis zu externen Akteuren – Kunden, Lieferanten, Partnern etc. – auf eine enge Zusammenarbeit setzt und

- das dazu bereit und fähig ist, das Risiko eines offenen Partnernetzwerkes einzugehen und zu managen.

Um dieses Paradigma mit Leben zu füllen, um die Komplexität seiner Umsetzung handhabbar zu machen, hat sich eine Systematik bewährt, die fünf zentrale Geschäftskomponenten auf ihre globale Effektivität hin überprüft: (a) die Marketing- und Vertriebspolitik, (b) die Integration des operativen Geschäfts, (c) die Integration der eingesetzten Technologien, (d) die Organisationsstruktur und (e) die grundsätzliche globale Mentalität.

(a) Marketing- und Vertriebspolitik

Ein globales Marketingkonzept dehnt das nationale Marketing im Hinblick auf die wichtigsten Kunden und die wichtigsten wertschöpfenden Aktivitäten auf viele verschiedene Länder aus. Es zielt darauf ab, globale Produkte und Dienstleistungen zu entwickeln, die dazu in der Lage sind, unterschiedliche regionale oder weltweite Bedürfnisse mit einem einheitlichen Design anzusprechen. Die Verkaufsaktivitäten werden global gesteuert, um den Ressourceneinsatz und die Effizienz der Märkte optimal auszuschöpfen.

(b) Integration des operativen Geschäfts

In einem global integrierten operativen Geschäft werden Standortfragen ebenso global entschieden wie die Frage, ob ein Vorprodukt oder ein bestimmter Prozess selbst erstellt oder von einem externen Partner bezogen wird. Lieferanten werden global ausgewählt, Prozesse weltweit standardisiert, betriebswirtschaftliche Funktionen international zusammengeführt.

(c) Integration der eingesetzten Technologien

Eine global integrierte technologische Basis umfasst eine weltweit abgestimmte IT-Strategie, standardisierte interne und externe Datenformate, Systeme und Anwendungen sowie weltweit einheitliche Applikationen für unterschiedliche betriebswirtschaftliche Funktionen – etwa den Verkauf, die Beschaffung, die Logistik, das Personalmanagement oder die Finanzabteilung. Die IT-Architektur muss dabei die nötige Flexibilität besitzen, um Veränderungen in der globalen Aufstellung des Unternehmens schnell umsetzen zu können.

(d) Organisationsstruktur

In einem globalen Organisationsaufbau stellen einheitliche Werte und Führungsstrukturen die Integrationsfähigkeit sicher, die erforderlich ist, um die unterschiedlichen Geschäftsbereiche und die weltweit verteilten Funktionen zu einem harmonischen Ganzen zu verbinden.

(e) Globale Mentalität

Der Umgang mit interkulturellen Unterschieden muss im Arbeitsalltag methodisch gemanagt werden, um den Kulturwandel hin zu einer Mentalität der internationalen Kooperation zu meistern. Im gesamten Unternehmen und in der Zusammenarbeit mit externen Partnern müssen verbindliche Regeln getroffen werden. Aufgaben, Abläufe und Verantwortlichkeiten müssen mit Rücksicht auf die unterschiedlichen kulturellen Hintergründe klar definiert und sauber abgesteckt werden. Das Ziel muss es sein, eine globale Mentalität zu schaffen, die diese interkulturellen Unterschiede ernst nimmt und in der täglichen Arbeit auch berücksichtigt. Dazu ist es erforderlich, Grundregeln der globalen Zusammenarbeit zu definieren. Weltumspannende Teams etwa, die über unterschiedliche Zeitzonen hinweg zusammenarbeiten, brauchen gemeinsame Umgangsregeln. Es muss eine Meetingkultur auf Distanz etabliert werden.

Die Marketing- und Vertriebspolitik, das operative Geschäft, die eingesetzten Technologien, die Organisationsstruktur, die globale Mentalität – all dies sind wichtige Säulen der globalen Integration. Nicht in jedem Fall muss jedoch allen Faktoren die gleiche Aufmerksamkeit geschenkt werden. Im Folgenden wollen wir ein Unternehmen vorstellen, das sich bei seiner globalen Integration an einer modifizierten Variante der vorgestellten Systematik orientiert hat, die individuell auf sein Geschäft und die bevorstehenden Herausforderungen zugeschnitten war: das Pharmaunternehmen Schering.

Total global: Standortentscheidungen bei Schering

„Wir sind angetreten, ein schlagkräftiges, international erfolgreiches Pharmaunternehmen mit einer wettbewerbsfähigen Kostenstruktur zu schaffen“, kommentierte Werner Wenning, Vorstandschef der Bayer AG, im Frühjahr 2007 die Zukunftsperspektiven seiner Konzerntochter Bayer Schering Pharma. „Dies umfasst die Reduzierung der Standorte, den Abbau von strukturellen und personellen Überkapazitäten, die Konzentration der Forschungs- und Entwicklungsaktivitäten sowie die Vereinheitlichung von Strukturen und Prozessen in Vertrieb und Verwaltung.“[48]

Wenning hatte das Pharmaunternehmen Schering 2006 in einer heftigen Bieterschlacht gegen den Darmstädter Konkurrenten Merck für rund 17 Milliarden Euro übernommen, um es der eigenen Pharmatochter Bayer HealthCare anzugliedern. Als Folge der Integration sollten durch den Abbau redundanter Funktionen in der Verwaltung sowie durch die Zusammenlegung mehrfach vorhandener Prozesse und Systeme, allen voran im

IT-Bereich und in der Produktion, Einsparungen von mehr als 800 Millionen Euro jährlich erzielt werden. Ein hartes Stück Arbeit, doch Wenning konnte bei seinen Plänen auf einen Restrukturierungsprozess aufbauen, den Schering bereits im Jahr 2004 begonnen hatte.

Mit rund 6 000 Beschäftigten am Firmensitz in Berlin und 25 000 Mitarbeitern weltweit war Schering vor der Übernahme nach Bayer und Boehringer Ingelheim das drittgrößte deutsche Pharmaunternehmen. Konzentriert hatte sich Schering vor allem auf Medikamente zur Schwangerschaftsverhütung und auf Mittel gegen Krankheiten des zentralen Nervensystems und gegen Krebs. Außerdem stellte das Unternehmen Kontrastmittel her, wie man sie zum Beispiel in der Computertomografie einsetzt. Mit 150 Tochtergesellschaften war Schering weltweit aktiv. Und genau diese globalen Aktivitäten begann das Unternehmen 2004, zwei Jahre vor der Übernahme, neu zu strukturieren. Das weltweite Standortnetz sollte optimiert werden, die globale Produktionslandschaft neu ausgerichtet. Auf diese Weise wollte man die im Wettbewerbsvergleich eher dürftigen Margen steigern, die das Unternehmen damals erwirtschaftete – nicht zuletzt, um eine mögliche Übernahme zu verhindern. Letzteres sollte nicht gelingen, die neuen Eigentümer jedoch konnten bei der Integration des Unternehmens in ihre eigenen Konzernstrukturen auf ein gut durchdachtes, global integriertes Geschäft aufbauen.

Den Fokus der globalen Integration legte Schering auf die Optimierung und die zahlenmäßige Reduzierung der weltweiten Produktionsstandorte. Dabei wurde die gesamte Produktionsstruktur mit ihren Werken, Maschinen, Kompetenzen und Partnernetzwerken infrage gestellt, um Effizienzpotenziale in den Fertigungsprozessen, den Materialkosten, den Lagerbeständen und in der gesamten Lieferkette aufzudecken. Schering wählte dafür eine abgewandelte Form der im letzten Abschnitt dargestellten Systematik zur globalen Integration. Statt auf die beschriebenen fünf Komponenten setzte Schering auf drei, die für die spezifische Situation des Unternehmens die größte Relevanz besaßen: eine global integrierte Produktion, global integrierte Prozesse und eine global integrierte Organisationsstruktur.

Um eine globale Integration der Produktion zu etablieren, musste darüber befunden werden, welches Werk welche Aufgaben übernehmen sollte, welche Kernkompetenzen jeweils auf- beziehungsweise ausgebaut werden mussten und ob ernst zu nehmende Alternativen in Niedriglohnländern existierten. Die bestehenden Potenziale wurden analysiert und auf der Grundlage eines detaillierten Geschäftsplans alle bestehenden Optionen geprüft. Am Ende wurde für jedes Werk entschieden, ob es aufrechterhalten, verkauft oder geschlossen werden sollte.

Natürlich verband sich hiermit eine nicht zu unterschätzende Brisanz. Viele Standorte wehrten sich mit allen Mitteln dagegen, Produktivitätskennzahlen, Produktionskosten und dergleichen preiszugeben, oder lieferten falsche Informationen, um einer möglichen Schließung zu entgehen. In einem Fall führte dies sogar dazu, dass ein Standort behauptete, es würde rechtliche Vorschriften geben, die bei einer Schließung eine Abfindung von sieben Jahresgehältern für die Mitarbeiter vorsehen – was sich letztendlich jedoch als falsch herausstellen sollte. War die Schließung eines Werkes unausweichlich, wurde dem Standort eine Frist von einem Jahr eingeräumt, um sich auf dem Markt neu zu positionieren. So konnten vor allem solche Standorte, die sich bereits früh mit möglichen Alternativen auseinandergesetzt hatten, nicht nur eine Schließung zugunsten eines Verkaufs abwenden, sondern sich nach dem Verkauf sogar eine bessere Position erarbeiten, als sie sie zuvor besaßen.

Als Folge der Standortentscheidungen mussten auch die globalen Prozesse neu ausgerichtet werden. Mehr als 300 Optimierungsmöglichkeiten wurden identifiziert. Diese zielten vor allem auf eine standortübergreifende Harmonisierung ab – etwa im Bereich der IT-Systeme, des Lieferantenmanagements, der eingesetzten Fertigungstechnologien oder der Umsetzung kontinuierlicher Verbesserungsinitiativen. Auf diese Weise konnte Schering die Strukturmerkmale eines global integrierten Unternehmens – zum Beispiel eine weltweite Supply-Chain-Planung, ein integriertes Qualitätsmanagement oder elektronische Warenwirtschaftssysteme – weiter ausbauen. Trotz der beachtlichen Effekte, die man hierdurch erzielte, wurden bei Schering auch später noch in aller Welt umfangreiche Bestände vorgehalten, da das Unternehmen nicht an allen Standorten in allen Ländern auf eine uneingeschränkt funktionsfähige Lieferkette vertraute. Vor allem, wenn Überseeverschiffungen einkalkuliert werden mussten, die zwischen sechs und acht Wochen in Anspruch nehmen – was sich bei Engpässen zu einem erheblichen Problem auswachsen konnte.

Die globale Integration der Organisationsstruktur umfasste ein weltweites Benchmarking, die Einführung einheitlicher Standards in allen Werken und eine globale Ausschöpfung von Effizienzpotenzialen. Natürlich kam dabei nicht zuletzt auch kulturellen Aspekten eine wichtige Rolle zu. In Spanien etwa, wo es üblich ist, erst später am Tag mit der Arbeit zu beginnen, um sie dann länger in den Abend hinein fortzusetzen, war ein von Schering entsandtes Projektteam zunächst überrascht, als es ein lokales Werk analysierte und feststellte, dass die dortigen Mitarbeiter bereits morgens um sieben Uhr den Betrieb aufnahmen – bis sich herausstellte, dass der Geschäftsführer des Werkes ein Deutscher war.

Die Resultate des Umbaus beeindrucken. Insgesamt konnte Schering die Anzahl der weltweiten Produktionsstandorte um die Hälfte reduzieren. Mehr als 100 Millionen Euro konnten an jährlichen Einsparungen erzielt werden – indem das Unternehmen seine Fertigungsaktivitäten dort ansiedelte, wo sie zu den richtigen Kosten, mit den richtigen Fähigkeiten und im richtigen Umfeld ausgeübt werden können. Mit dieser radikalen Globalisierungsstrategie ging Schering weit über das hinaus, was in deutschen Führungsetagen weithin unter einer internationalen Arbeitsteilung verstanden wird.

Die Flexibilität des Geschäftsmodells: Revolution der Rasierklingen

Was zeichnet erfolgreiche Unternehmen gegenüber schwächeren Konkurrenten aus? Warum ist Coca-Cola seinem Wettbewerber Pepsi-Cola überlegen? Wie hat es der Branchenneuling Nucor Steel geschafft, den Stahlmarkt erfolgreich zu erobern, während der etablierte Gigant Bethlehem Steel in die Pleite schlitterte? In den meisten Fällen, in denen es einem Unternehmen gelingt, sich in seiner Branche eine dominante Stellung zu erarbeiten, liegt die Ursache nicht in einzigartigen Produkten oder Leistungen, sondern in einem überlegenen Geschäftsmodell. So überrascht es nicht, dass die meisten Unternehmen immer wieder danach trachten, Erfolg versprechende Möglichkeiten zu finden, um sich mit einer innovativen Variation ihres Geschäftsmodells vom Wettbewerb abzusetzen.

Dieses Anliegen ist nicht neu. Niemand hat es jedoch in solcher Konsequenz verfolgt wie der ambitionierte Handelsvertreter King Camp Gillette. Schon in jungen Jahren arbeitete er an seinem großen Traum, mit einer bahnbrechenden Idee reich zu werden. Dabei dachte er allerdings nicht an eine technische Innovation, nicht an ein überlegenes Produkt, sondern an ein ganz spezielles Geschäftsmodell. Sein großes Vorbild war William Painter. Der aus Irland in die USA eingewanderte Tüftler hatte im 19. Jahrhundert mit der Erfindung des Kronkorkens ein Vermögen verdient – mit einem einfachen Wegwerfartikel, den fast jeder täglich gebrauchte. Gillette war fasziniert von dieser Idee. Bis er selbst eine passende Gelegenheit für ein vergleichbares Geschäftsmodell fand, sollte jedoch noch einige Zeit vergehen. Im Alter von 40 Jahren war es schließlich ein spontaner Einfall bei der morgendlichen Rasur, der ihn seinem Ziel ein gutes Stück näher brachte: Wie wäre es, wenn es ein Rasiermesser mit einer Klinge gäbe, die man nicht zu schleifen braucht? Ein dünnes Stück Stahl, das man, wenn es stumpf geworden ist, einfach wegwirft und ein neues kauft? Es dauerte noch sechs Jahre, bis Gillette einen Partner gefunden hatte, der in der Lage war, die von ihm erdachten Rasierklingen zu fertigen. 1901 gründete er The Gillette Company, die 1903 die Produktion aufnahm. Im ersten Jahr verkaufte das Unternehmen 168 Klingen, im Jahr darauf waren es bereits 123 000. Sein Geschäftsmodell war ein voller Erfolg. So orderte etwa die US-Regierung 1917 bereits 36 Millionen Klingen, um die im Ersten Weltkrieg kämpfenden Soldaten zu versorgen.

Innovative Geschäftsmodelle hatten zu allen Zeiten ihre Protagonisten.[49] Doch nie zuvor war die Suche nach neuen Ideen und Konzepten so intensiv wie heute. Rund zwei Drittel aller Unternehmen, egal, in welcher Region der Welt sie beheimatet sind, bereiten derzeit ganz offen eine umfassende Neugestaltung ihrer Geschäftsmodelle vor – in nahezu allen Firmen strebt man zumindest eine moderate Überarbeitung an. Die Motive hierfür liegen unter anderem in der immer größeren Schwierigkeit vieler Unternehmen, sich im Wettbewerb zu differenzieren. Es gibt jedoch noch einen weiteren wichtigen Grund: Die meisten Unternehmen haben heute schlicht mehr Möglichkeiten als früher. „Wir fangen an, über Dinge nachzudenken, die uns bislang nicht möglich waren“, sagt etwa ein Vorstandschef aus den USA. Über das Internet können Unternehmen heute Nischenmärkte für seltene, überschüssige oder hoch spezialisierte Waren finden – und einen „virtuellen Garagenverkauf“ durchführen. Viele Geschäftsprozesse und auch viele Produkte und Dienstleistungen werden virtueller. Neue Vertriebskanäle und elektronische Absatzmöglichkeiten revolutionieren traditionelle Branchenkonventionen. Sie verändern nicht nur die Art und Weise, wie einzelne Unternehmen arbeiten, sie schaffen sogar völlig neue Branchen.

Wie können Unternehmen auf diese neuen Chancen und Herausforderungen reagieren? Wie können sie ihre Geschäftsmodelle anpassen, um von den neuen Möglichkeiten bestmöglich zu profitieren? Grundsätzlich lassen sich drei Ansatzpunkte für eine innovative Neuausrichtung des Geschäftsmodells unterscheiden: (a) das Unternehmensmodell, (b) das Umsatzmodell und (c) das Branchenmodell.

(a) Das Unternehmensmodell

Innovationen im Bereich des Unternehmensmodells beziehen sich auf eine Umstrukturierung des eigenen Geschäfts, die darauf abzielt, neu zu regeln, welche Aufgaben im eigenen Unternehmen und welche in Zusammenarbeit mit externen Partnern erbracht werden sollen. So hat sich zum Beispiel der Netzwerkausrüster Cisco auf das Management seiner Marke und auf das Design der von ihm angebotenen Produkte konzentriert. Die Fertigung, der Vertrieb und andere Aufgaben wurden starken Partnern übertragen. Mit Modellen wie diesem, die sich stärker an der Zusammenarbeit mit Partnern orientieren, versuchen immer mehr Unternehmen, ihre Effizienz zu steigern, dem Wettbewerbsdruck standzuhalten und zu vermeiden, dass ihr Unternehmen in der großen Masse untergeht. Lange Zeit wurden entsprechende Innovationen im Bereich des Unternehmensmodells vor allem aus Kostengründen initiiert. Funktionen und Prozesse, die von externen Firmen effizienter erbracht werden konnten als im eigenen Haus, wurden ausgelagert. „Wir müssen mit anderen zusammenarbeiten, um zu überleben", erläutert ein amerikanischer Vorstand dieses Prinzip. „Es gibt immer weniger Aufgaben, die wir auf kosteneffiziente Weise selbst erledigen können. Daher werden wir künftig weniger Arbeiten in unserem eigenen Unternehmen und mehr Aufgaben gemeinsam mit Partnern und sogar mit Wettbewerbern durchführen." Viele Unternehmen können es sich längst nicht mehr leisten, Geld und hoch qualifiziertes Führungspersonal in Aktivitäten zu investieren, die das eigene Unternehmen nicht von Mitbewerbern differenzieren. Stattdessen haben sie sich auf ihre Kernkompetenzen fokussiert, um Kosteneffekte zu realisieren.

Heute weiß man allerdings, dass ein innovatives Unternehmensmodell darüber hinaus auch weitreichende Wachstumsimpulse freisetzen kann. „Für uns geht es bei der Unternehmensmodellinnovation in erster Linie um das richtige Geschäftsmodell, das wir brauchen, um in neue Märkte einzusteigen“, sagt Andrew Brandler, Vorstandschef des chinesischen Energieversorgers CLP Group. Denn eine Expansion in neue Märkte ist immer mit einem gewissen Risiko verbunden. Dieses Risiko kann man akzeptieren, man kann es mildern, meiden – oder durch ein innovatives Unternehmensmodell auf Dritte übertragen. Das Grundprinzip ist naheliegend und schnell erklärt: Wenn ein Unternehmen organisch in neue Märkte vordringt, muss es Mitarbeiter einstellen, Maschinen kaufen, Standorte aufbauen etc. Expandiert es durch Akquisition, werden die vorhandenen Mitarbeiter, Maschinen und Standorte eines anderen Unternehmens übernommen. Im Erfolgsfall kann beides durchaus sinnvoll sein. Stellen sich die erhofften Erfolge jedoch nicht ein, müssen die neuen Mitarbeiter wieder entlassen, die neuen Maschinen verkauft und die neuen Standorte wieder geschlossen werden. Nutzt ein Unternehmen zur Umsetzung seiner Wachstumspläne hingegen die vorhandenen Ressourcen eines starken Partners – seine Mitarbeiter, sein Equipment etc. –, wird die Gefahr des Scheiterns zwar nicht unbedingt geringer, die daraus entstehenden wirtschaftlichen Folgen jedoch können auf ein überschaubares Maß reduziert werden.[50]

Übernimmt ein Partner zum Beispiel die Verwaltungsprozesse eines neuen Geschäfts – von der Bearbeitung der Auftragseingänge über die Rechnungsstellung bis hin zur Führung der Bücher –, müssen die hierfür erforderlichen Mitarbeiter nicht eingestellt, die benötigten Abrechnungssysteme nicht aufgebaut, Büroräume nicht angemietet werden. Entwickeln sich die neuen Märkte nicht so wie erhofft, lassen sich die „geliehenen“ Ressourcen flexibel skalieren – bis hin zur völligen Aufgabe des Geschäfts. Das Risiko, die erforderlichen Kapazitäten in einem Ausmaß vorzuhalten, das auch dann noch genügt, wenn sich die Märkte wie erhofft oder gar besser entwickeln, liegt – zumindest in gewissen Grenzen – beim Partner. Der kann sein eigenes Risiko allerdings auf zahlreiche Partnerschaften streuen, in die er gleichartige Ressourcen einbringt. Das mit einem einzelnen Geschäft verbundene Risiko wird entsprechend reduziert.

Ob Kostensenkung oder Wachstumsziele, Alleingänge werden immer schwieriger – und immer seltener.

(b) Das Umsatzmodell

Innovative Umsatzmodelle beruhen auf Veränderung in der Art und Weise der Umsatzgenerierung, die durch neue Wertbeiträge und durch neue Preismodelle herbeigeführt werden. Ein gelungenes Beispiel hierfür ist das eingangs angeführte Modell von King Camp Gillette, der mit seiner Idee den primären Umsatzstrom von Rasierern zu Rasierklingen verlagert hat.

Neun von zehn Unternehmen, die ihr Umsatzmodell überarbeiten, ändern ihren Produkt-, Service- und Werte-Mix. Die Hälfte von ihnen arbeitet dabei mit neuen Preisstrukturen. Als eine der beliebtesten Reformen erweist sich in diesem Zusammenhang die Umstellung des Preismodells von Einmalzahlungen auf wiederkehrende Gebühren – ganz im Sinne von King Camp Gillette. Aber auch in anderen Bereichen beginnt man, alte Formen der Preisgestaltung zu überdenken. So geben zum Beispiel immer mehr Unternehmen ihre traditionell an den eigenen Kosten orientierte Preisbildung auf und beginnen damit, ihre Preise auf der Basis des Wertes festzulegen, den ihre Produkte und Dienstleistungen für ihre Kunden besitzen. „Wir gehen inzwischen bei der Preisfindung sehr viel intelligenter vor als früher", bestätigt zum Beispiel Steffen Schiottz-Christensen, der in der Geschäftsführung des dänischen Logistikkonzerns Maersk Logistics für das Nordasiengeschäft zuständig ist. „Unser Preismodell basiert jetzt auf unseren verschiedenen Kundensegmenten und auf dem Wert, den wir für diese Kunden schaffen." Gleichzeitig „wissen die Kunden heute immer besser über die globale Preispolitik Bescheid", beobachtet ein Vorstand aus Schweden. „Infolgedessen werden die Produktpreise zunehmend proaktiv statt reaktiv festgelegt."

Neben dem Preis gewinnen vor allem ergänzende Dienstleistungen, die das ursprüngliche Angebotsportfolio abrunden, zunehmend an Bedeutung. Maschinenbauer liefern Absatzprognosen für die mit ihren Maschinen gefertigten Produkte, Hersteller von Spezialchemikalien rufen Kreativabteilungen ins Leben, die gemeinsam mit potenziellen Kunden an neuen Anwendungsmöglichkeiten arbeiten, Autohändler bieten einen kostenlosen Hol- und Bringservice für Inspektionen und Reparaturen, die kleine Textilreinigung an der Ecke tut es ihnen gleich und liefert die frisch gebügelten Hemden frei Haus. Dabei sind zwei gegenläufige Trends zu beobachten: Einige Unternehmen bündeln ihre Angebote, um hochwertigere Lösungen zu erstellen, während andere ihre bisherigen Paketlösungen entflechten, um ihren Kunden eine größere Anzahl von Auswahlmöglichkeiten anzubieten – ganz so, wie es die besonderen Anforderungen der jeweiligen Branche erfordern.

Viele Unternehmen greifen zudem auf innovative Umsatzmodelle zurück, um ihre Expansion in neue geografische Märkte zu unterstützen. So ist die richtige Preisstruktur zum Beispiel beim Einstieg in Märkte wie China und Indien, in denen die Verbraucher über sehr unterschiedliche Einkommen verfügen, von entscheidender Bedeutung.

(c) Das Branchenmodell

Innovationen im Bereich des Branchenmodells können auf drei Wegen erfolgen: der Neudefinition einer bestehenden Branche, dem Einstieg in eine Branche, in der das eigene Unternehmen bislang nicht aktiv war, und der Schaffung einer völlig neuen Branche, die als solche bislang nicht existiert hat – etwa so, wie es dem Unternehmen Apple mit iPod und iTunes in der Musikindustrie gelungen ist.[51]

Branchenmodellinnovationen sind in der Praxis vergleichsweise selten. Die Gründe hierfür sind unterschiedlicher Natur, doch in einer Hinsicht sind sich fast alle Unternehmen einig: Diese Variante ist mit Abstand die schwierigste aller Geschäftsmodellinnovationen – in der Planung ebenso wie in der Realisation. Am leichtesten fällt es den Unternehmen, die sich an innovative Branchenmodelle heranwagen, die Spielregeln in ihrem „Heimstadion" neu zu definieren. Die bestehenden Konventionen der eigenen Branche herauszufordern ist daher die bei Weitem häufigste Form der Branchenmodellinnovation. Der Einstieg in eine Branche, in der das eigene Unternehmen zuvor nicht tätig war, und die Etablierung völlig neuer Geschäfte, die es in dieser Form bislang nicht gab, werden demgegenüber nur sehr selten als strategische Stoßrichtung gewählt. Zu groß scheint die Gefahr des Scheiterns, zu ungewiss die Frage, ob die neuen Geschäftsideen greifen. Vor allem in extrem risikoscheuen Branchen trifft man auf dieses Muster. Ein Vorstand aus der Pharmaindustrie beschreibt die zugrunde liegende Problematik wie folgt: „In unserer Branche gibt es ein ‚Innovationsparadox'. Einerseits streben wir ständig nach Innovationen, andererseits scheuen wir das Risiko. Pharmaunternehmen hoffen immer noch auf den großen Durchbruch und sind in diesem Modell gefangen. Das Unternehmen, das dieses Muster durchbricht, wird sich an die Spitze setzen und andere werden folgen."

Die meisten Unternehmen glauben nicht, dass sie selbst eine ausreichend starke Position in ihrer Branche beziehungsweise in der Wertschöpfungskette einnehmen, um einen solch massiven Wandel voranzutreiben. Nur einige wenige Akteure trauen sich das zu – es sind die Branchenführer, die auf dem Standpunkt stehen: Wenn nicht wir, wer dann?

Wie wird das Unternehmen der Zukunft sein Geschäftsmodell gestalten? Welche Ansatzpunkte für eine Neuausrichtung wird es wählen – das Unternehmensmodell, das Umsatzmodell oder das Branchenmodell? Bereits heute zeigt sich, dass vor allem die Bereitschaft, mit innovativen Branchenmodellen zu experimentieren, in überdurchschnittlich erfolgreichen Unternehmen höher ausfällt als bei ihren weniger erfolgreichen Wettbewerbern – um 40 Prozent liegt sie über dem Vergleichswert unterdurchschnittlich erfolgreicher Unternehmen.[52] Die entscheidende Frage ist: Verfolgen die erfolgreicheren Unternehmen verstärkt innovative Branchenmodelle, weil sie die dafür nötigen Voraussetzungen mitbringen, oder sind sie deshalb so erfolgreich, weil sie die Branchennormen ständig infrage stellen? Aus den Ergebnissen der Forschungsarbeiten von IBM schließen wir, dass beides richtig ist – es handelt sich um einen sich selbst verstärkenden Zyklus. Durch Innovationserfolge kann ein Unternehmen die finanziellen Mittel und die strategische Position erlangen, die es benötigt, um mutigere Schritte zu wagen – und diese können wiederum die Unternehmensleistung steigern.

So wird auch das Unternehmen der Zukunft ständig auf der Suche nach neuen Möglichkeiten sein, um sich vom Wettbewerb abzuheben. Es wird revolutionäre Ansätze verfolgen, um Bestehendes infrage zu stellen und Neues zu schaffen. Hier einige Beispiele dafür, wie ihm dies gelingt:

Das Unternehmen der Zukunft …

… denkt wie ein Außenstehender

Es denkt kreativ und unkonventionell. Innovationen regt es an, indem es sich selbst immer wieder mit der Vorstellung konfrontiert, wie das eigene Geschäft aussehen könnte, wenn man es „auf der grünen Wiese“ noch einmal aufbauen würde, ohne Rücksicht auf vorhandene Strukturen nehmen zu müssen. Gleichzeitig findet das Unternehmen der Zukunft Wege zur Zusammenarbeit mit Akteuren, die nicht zu den etablierten Teilnehmern der eigenen Branche zählen, um gemeinsam mit ihnen neue Geschäftsmodelle zu entwickeln. Dabei stellt es jede Annahme seines bestehenden Modells infrage – genau so, wie es ein Außenstehender tun würde.

… nutzt wegweisende Ideen aus anderen Branchen

Das Unternehmen der Zukunft studiert andere Branchen genau, weil es weiß, dass sich bahnbrechende Ideen wie ein Lauffeuer verbreiten. Es hält Ausschau nach Kunden- und Technologietrends, die andere Marktsektoren und -segmente verändern, und überträgt diese Trends auf das eigene Branchen- und Geschäftsmodell.

… fördert unternehmerisch denkende Mitarbeiter

Das Unternehmen der Zukunft weiß, wie schwierig es ist, innovative Geschäftsmodelle von innen heraus zu verwirklichen. Es stellt unternehmerisch denkenden Mitarbeitern Unterstützung, finanzielle Mittel und den nötigen Freiraum zur Verfügung, damit sie radikale Veränderungen fördern können – auch wenn diese Veränderungen nicht nur das Geschäftsmodell von Mitbewerbern, sondern vielleicht sogar das eigene infrage stellen.

... experimentiert kreativ am Markt, nicht nur im Labor

Das Unternehmen der Zukunft erprobt immer wieder neue Geschäftsmodelle am Markt. Auf diese Weise erhält es Feedback unter realen Gegebenheiten und kann wiederholte Anpassungen vornehmen. Zudem nutzt es virtuelle Welten und Web-2.0-Technologien, um seine Modelle zu testen und die dabei gewonnenen Erkenntnisse auf seine geschäftlichen Aktivitäten in der realen Welt anzuwenden.

... führt das Unternehmen von heute, während es mit dem Geschäftsmodell von morgen experimentiert

Neue und bereits etablierte Geschäftsmodelle stehen häufig im Widerspruch zueinander, was zu Spannungen im Unternehmen führt. Selbst wenn sich die Modelle nicht an dieselben Kunden richten, beanspruchen sie doch dieselben Ressourcen und die gleiche Aufmerksamkeit. Das Unternehmen der Zukunft geht aktiv an die Bewältigung dieser potenziellen Konflikte heran. Auf diese Weise kann es mutige Geschäftsmodellinnovationen erproben und gleichzeitig sicherstellen, dass sein bestehendes Geschäftsmodell weiterhin die gewünschten Ergebnisse liefert.

Auf dem Weg zum Unternehmen der Zukunft lassen sich auch im Hinblick auf die Flexibilität des Geschäftsmodells wiederum fünf empirische Reifegrade unterscheiden.

Die fünf Evolutionsstufen der Geschäftsmodellinnovation:

1. *Ausloten der Möglichkeiten zur Neugestaltung des Geschäftsmodells*

Auf der untersten Evolutionsstufe finden sich vor allem stark diversifizierte Konzerne und solche Unternehmen, die ihr Geschäft im Wesentlichen auf rechtlich geschützten Ressourcen aufbauen – etwa einem Patent oder einer staatlichen Lizenz. In diesen Firmen gehen die Aktivitäten zur Neugestaltung des Geschäftsmodells selten über ein erstes Ausloten der grundsätzlichen Möglichkeiten hinaus.

2. *Erste Experimente mit innovativen Geschäftsmodellen*

   Mit abnehmendem Diversifikationsgrad und wenn nicht rechtliche, sondern physische Ressourcen den Kern des Geschäfts bilden, beginnen mehr und mehr Unternehmen, mit innovativen Geschäftsmodellen zu experimentieren.

3. *Einzelne Initiativen zur Umsetzung innovativer Geschäftsmodelle*

   Die ersten gezielten Initiativen zur Implementierung innovativer Geschäftsmodelle werden zumeist von Unternehmen aufgesetzt, deren Geschäft weder eindeutig spezialisiert noch in größerem Umfang diversifiziert und vor allem von finanziellen Ressourcen bestimmt wird. Häufig ist ihr bestehendes Geschäftsmodell zudem anfällig gegenüber Veränderungen, die sich im Bereich der Informations- und Kommunikationstechnologien vollziehen.

4. *Multiple Strategien zur Umsetzung innovativer Geschäftsmodelle*

   Abnehmende Transaktionskosten, immer kürzere Entwicklungszyklen, der Abbau von Markteintrittsbarrieren – wenn Veränderungen in der Unternehmensumwelt dazu führen, dass das eigene Geschäftsmodell immer anfälliger wird gegenüber dem innovativen Einsatz von Informations- und Kommunikationstechnologien entlang der Wertschöpfungskette, dann beginnen vor allem spezialisierte Unternehmen multiple Strategien zu entwerfen, um Geschäftsmodellinnovationen zu forcieren.

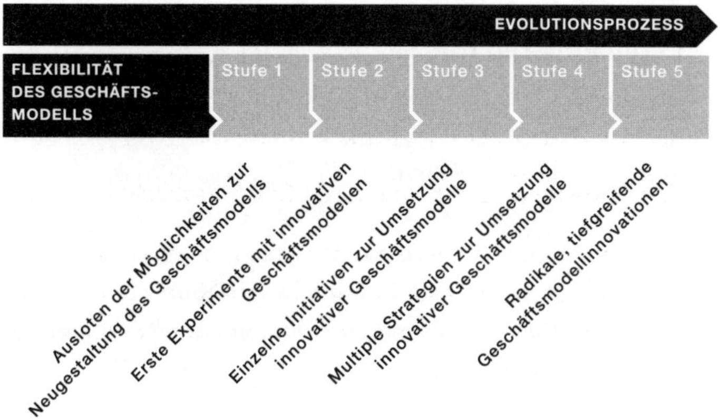

Abb. 11: Evolutionsstufen des Geschäftsmodells

5. *Radikale, tief greifende Geschäftsmodellinnovationen*

   Die fünfte und letzte Stufe des Evolutionsprozesses entspricht wiederum den oben beschriebenen Charakteristika des Unternehmens der Zukunft, das immer wieder radikale und tief greifende Geschäftsmodellinnovationen vorantreibt.

Im Hinblick auf die vierte Dimension des strategischen Evolutionsprozesses und ihre einzelnen Stufen lässt sich Abb. 1 somit wie in Abb. 11 gezeigt präzisieren.

Im Folgenden wollen wir ein Unternehmen vorstellen, dem es gelungen ist, die Spielregeln einer Branche auf den Kopf zu stellen: Skype, den führenden Anbieter von Internettelefonie.

Von Natur aus revolutionär: telefonieren mit Skype

Groß ist er. Gut 1,90 Meter. Aber sonst? Der Schwede Niklas Zennström will so gar nicht in das Bild passen, das man sich von einem kämpferischen Revolutionär macht – einem furchtlosen Unternehmer, der sich immer wieder mit den größten Konzernen misst, ihre Geschäftsmodelle angreift und ihre Märkte durcheinanderbringt. Von einem Mann, der im *Time Magazine* auf der Liste der einflussreichsten Menschen der Welt steht. Einem Mann, der einige Hundert Millionen Dollar verdient hat, indem er ganze Industrien aus dem Gleichgewicht brachte? Nein. Zennström wirkt eher schüchtern, eher menschenscheu. Die Schultern fallen leicht nach vorn, der Anzug ist so blass wie er selbst – der ganze Mensch wirkt freundlich, aber unscheinbar.

Ein Irrtum. Studiert hat Zennström an der Universität von Uppsala, zunächst „nur" Informatik, später auch Betriebswirtschaft. Der Wochenzeitung *Die Zeit* verriet er unlängst: „Ich merkte sofort, dass ich nicht nur an der Technik selbst interessiert war, sondern auch daran, wie man sie einsetzen kann. Was mich faszinierte, war die Idee, neue Technologien zu verstehen, Trends zu erkennen und das Ganze dann unternehmerisch auszunutzen." Ein solcher Trend, auf den er aufmerksam wurde, war die Trägheit der Ex-Monopolisten in der Telekommunikationsbranche. „Wenn sie erst mal so richtig groß sind, kümmern sie sich nicht mehr um ihre Kunden. Sie bieten keinen anständigen Service mehr an, geben sich keine Mühe mehr, innovative Produkte zu entwickeln. Damit werden sie ineffizient, und zwar zum Nachteil des Verbrauchers."[53]

Bevor er diesen Trend unternehmerisch nutzte – die verfügbare Technik schien ihm noch nicht reif für einen ernst zu nehmenden Schritt –, beteiligte er sich an der gerade aufkeimenden

Revolution gegen das überkommene Geschäftsmodell einer anderen Branche: der Musikindustrie. Gemeinsam mit dem Dänen Janus Friis gründete er 2001 die Internetfirma KaZaA, eine Musiktauschbörse nach dem Muster von Napster. Wer die Tauschbörse nutzen wollte, musste sich eine entsprechende Software auf den Computer laden. Dann konnte er seine eigenen Musikdateien teilen und auf die der anderen Nutzer zugreifen. Urheberrechtlich war dieses Modell ein Fiasko. Doch es sollte die Strukturen der gesamten Branche neu ordnen. Apples Online-Musikladen iTunes ist die wohl bekannteste Plattform, die aus diesem Wandel hervorging. Doch auch darüber hinaus veränderte sich das Selbstverständnis der gesamten Branche: Die britische Rockband Radiohead etwa stellte ihr siebtes Album komplett auf der eigenen Website bereit. Die Fans durften so viel bezahlen, wie sie wollten, um die Songs herunterzuladen. Das Spendensystem wurde zu einem großen Erfolg, denn Millionen von Fans konnten ihre Großzügigkeit und ihr Bekenntnis zur Kunst statt zum Kommerz zum Ausdruck bringen. Einen ähnlichen Weg ging der Musiker Prince, der sein Album „Planet Earth“ im Internet kostenfrei zum Abruf bereitstellte, nachdem er es bereits zuvor als Beilage der britischen Zeitung *Mail on Sunday* hatte verteilen lassen.

Die etablierten Akteure der Musikindustrie brachten diese Entwicklungen mächtig in die Bredouille. Und auch Zennström hatte zunächst wenig Freude daran. Die Anwälte der großen Musiklabels versuchten mit allen Mitteln, den Schweden hinter Gitter zu bringen. 2001 wurde er in den USA wegen Beihilfe zur Urheberrechtsverletzung verklagt. Ein knappes Jahr ließ sich die Klageschrift indes nicht zustellen, weil sich Zennström, wie es heißt, „phantomartig“ durch Europa bewegte. Danach gelang es ihm, eine Verurteilung abzuwenden. Er argumentierte, jemand, der nicht in den USA lebe oder dort Geschäfte mache, könne auch nicht von einem US-Gericht verurteilt werden.

Und überhaupt: Er stelle schließlich nur eine Software zur Verfügung. Was die Nutzer damit machen, das sei für ihn nicht zu kontrollieren.

Zennström bekam recht – und begann, den nächsten Markt zu revolutionieren. Mittlerweile war die Technik so weit fortgeschritten, dass er sich einen Angriff auf das Geschäftsmodell der Branche zutraute, die er bereits seit seinem Studium kritisch beäugte: die – in seinen Augen – zu wenig innovative Telekommunikationsindustrie. Im Herbst 2002 machten sich Zennström und Friis daran, eine Software zur Internettelefonie zu programmieren. Skyper sollte sie heißen, aber der Name war schon vergeben. Die beiden verzichteten auf das „r" und gingen im August 2003 mit Skype an den Start. Alle Nutzer können seither umsonst miteinander über das Internet telefonieren. Das Einzige, was man dafür braucht, ist ein Kopfhörer, ein Mikrofon und die passende Skype-Software. Heute ist sie auf Millionen Rechnern installiert. Mit 338 Millionen Nutzern ist Skype nach China Mobile der zweitgrößte Telekommunikationsanbieter der Welt – und der einzige, dem man eine wirklich globale Reichweite zugestehen muss.

Die Wagniskapitalgeber Index Ventures und Draper Fisher Jurvetson finanzierten 2003 den Start von Skype mit rund 20 Millionen Dollar. „Und das habe ich nie bereut", gestand Danny Rimer von Index Ventures der *Zeit*. Kein Wunder, denn schon zwei Jahre später zahlte das Internetauktionshaus eBay rund drei Milliarden Dollar für das innovative Telefonunternehmen.

Die Geschäftsmodellinnovation, die diesen Erfolg ermöglicht hat, setzt an zwei Stellen an: am Branchenmodell der Telekommunikationsindustrie und am Umsatzmodell. Am Branchenmodell, weil Skype den traditionellen Telekommunikationsanbietern eine vergleichbare Leistung entgegensetzte, für die der Nutzer nicht zu bezahlen braucht. Trotzdem wollte Zennström natürlich etwas verdienen – und so brauchte er ein neues Umsatzmodell. „Umsonst ist kein Problem, solange man eine große Anzahl von Benutzern hat“, erklärt er freimütig. „Denen bieten wir jetzt zusätzliche Dienstleistungen an, für die sie bezahlen müssen.“ Wie solche Leistungen aussehen können, das zeigt sich zum Beispiel am „KishKish-Lügendetektor“, einem Dienst, der die Sprachfrequenz des Telefonpartners auf erhöhten Stress hin analysiert. Brauchbar oder nicht, Zennströms Geschäftsmodell ging auf. 2007 verbuchte Skype einen Umsatz von 377 Millionen Dollar. Das entsprach einem Wachstum von 96 Prozent gegenüber dem Vorjahr – und dem 15-Fachen des Geschäfts, das das Unternehmen zum Zeitpunkt der Übernahme durch eBay erwirtschaftet hat. Für 2008 kalkuliert man einen Umsatz von über einer halben Milliarde. Profitabel allerdings ist Skype offenbar noch nicht. Genaue Zahlen dazu sucht man jedenfalls vergeblich.

Zwar hat eBay mittlerweile angedeutet, dass man sich aufgrund mangelnder Synergien eventuell wieder von Skype trennen werde, und manche Analysten spekulieren, dass die Internettelefonie in Zukunft doch von den traditionellen Telekommunikationsanbietern dominiert werden könne, doch wie dem auch sei – die Strukturen der Branche sind nachhaltig in Bewegung geraten. Und Niklas Zennström? Der hat sich bereits der nächsten Branche zugewandt. Mit seinem neuen Unternehmen Joost will er nun die Fernsehindustrie aufrollen. Sei sein persönliches Auftreten auch noch so unscheinbar und bescheiden – man traut es ihm bedenkenlos zu.

WISSEN: So finden Sie die Missing Links des Geschäftsmodells

Wird in naher Zukunft ein revolutionäres neues Geschäftsmodell Ihre Branche von Grund auf verändern? Was ist wahrscheinlicher – dass dieses Geschäftsmodell von Ihnen oder von Ihren Mitbewerbern stammt? Machen Sie sich Gedanken darüber, woher die nächste bahnbrechende Geschäftsidee kommen wird. Auf den folgenden Seiten finden Sie unsere Checklisten zur Beurteilung der Flexibilität des Geschäftsmodells Ihres Unternehmens. Kreuzen Sie zur Ermittlung der strategischen Evolutionsstufe wiederum diejenigen Aussagen an, die für Ihr Unternehmen charakteristisch sind. Aus dem Durchschnitt der drei höchsten Stufenwerte ergibt sich auch hier wieder die Position, die Ihr Unternehmen im nächsten Entwicklungsschritt erreichen sollte. Zur Bestimmung der Ausgangslage Ihres eigenen Unternehmens und der Ihrer Wettbewerber tragen Sie in der dafür vorgesehenen Liste die entsprechenden Werte ein. Die aktuelle Evolutionsstufe, die Ihr Unternehmen beziehungsweise Ihre Konkurrenz erreicht hat, ergibt sich wiederum aus dem arithmetischen Mittel der drei jeweils höchsten Einzelbewertungen.

Auch an dieser Stelle möchten wir noch einmal auf die Möglichkeit hinweisen, unter *www.missing-link-online.com* eine exakte Einordnung Ihres Unternehmens im Kontext seiner Branche vorzunehmen.

Die strategische Evolutionsstufe des Geschäftsmodells (1/2)

Bitte kreuzen Sie jeweils den Stufenwert an, der für Ihr Unternehmen zutreffend ist.

Stufe 1	Stufe 2	Stufe 3	Stufe 4	Stufe 5
Ausloten der Möglichkeiten zur Neugestaltung des Geschäftsmodells	*Erste Experimente mit innovativen Geschäftsmodellen*	*Einzelne Initiativen zur Umsetzung innovativer Geschäftsmodelle*	*Multiple Strategien zur Umsetzung innovativer Geschäftsmodelle*	*Radikale, tief greifende Geschäftsmodellinnovationen*

Tragen Sie hier bitte die Branche ein, in der Ihr Unternehmen tätig ist.				
______________________________				
Wie sieht hinsichtlich Diversifikation und Spezialisierung die Kernstrategie Ihres Unternehmens für die nächsten fünf Jahre aus?				
Vollständig diversifiziert ☐	Teilweise diversifiziert ☐	Weder diversifiziert noch spezialisiert ☐	Extern spezialisiert ☐	Intern spezialisiert ☐
Welche Art von Ressourcen liegt Ihrem Geschäftsmodell im Wesentlichen zugrunde? (Die meisten Ressourcen besitzen einen rechtlichen Schutz – doch während ein Patent etwa den Kern des Geschäftsmodells bilden kann, ist das beim Mietvertrag eines Bürogebäudes selten der Fall.)				
Rechtliche Ressourcen inkl. eines gesetzlichen Monopols ☐	Physische Ressourcen inkl. natürlicher Ressourcen ☐	Finanzielle Ressourcen und Instrumente ☐	Humanressourcen inkl. impliziten Wissens ☐	Informationsressourcen inkl. Expertenwissen ☐
Vor dem Hintergrund weitreichender Veränderungen – abnehmenden Transaktionskosten, immer kürzeren Entwicklungszyklen, geringeren Markteintrittsbarrieren – wie anfällig ist Ihr Geschäftsmodell für informationstechnische Neuerungen in Ihrer Wertschöpfungskette?				
Keine Anfälligkeit ☐	Geringe Anfälligkeit ☐	Mittlere Anfälligkeit ☐	Hohe Anfälligkeit ☐	Kritische Anfälligkeit ☐

Die strategische Evolutionsstufe des Geschäftsmodells (2/2)

Bitte kreuzen Sie jeweils den Stufenwert an, der für Ihr Unternehmen zutreffend ist.

Stufe 1	Stufe 2	Stufe 3	Stufe 4	Stufe 5
Ausloten der Möglichkeiten zur Neugestaltung des Geschäftsmodells	*Erste Experimente mit innovativen Geschäftsmodellen*	*Einzelne Initiativen zur Umsetzung innovativer Geschäftsmodelle*	*Multiple Strategien zur Umsetzung innovativer Geschäftsmodelle*	*Radikale, tief greifende Geschäftsmodellinnovationen*
Mobile Breitbandnetze und jederzeit empfangsbereite Geräte werden für immer mehr Konsumenten zur Realität. Wie sehr kann Ihr Geschäftsmodell von den hypereffizienten Netzwerken einer „Always-on-Welt“ beeinflusst werden?				
Kein Einfluss	Geringer Einfluss	Mittlerer Einfluss	Hoher Einfluss	Kritischer Einfluss
Wenn Sie an die durchschlagendste Innovation denken, die in Ihrer Branche in den vergangenen 25 Jahren stattgefunden hat: Wie lange ist dies her?				
Keine durchschlagenden Innovationen in den letzten 25 Jahren	Vor 20 Jahren	Vor zehn Jahren	Vor fünf Jahren	Sie vollzieht sich momentan

Strategische Evolutionsstufe des eigenen Unternehmens: ________

Die strategische Evolutionsstufe, die Ihr Unternehmen im Hinblick auf sein Geschäftsmodell anstreben sollte, ergibt sich aus dem Durchschnitt der drei höchsten Stufenwerte, die von Ihnen angekreuzt wurden.

Die aktuelle Evolutionsstufe des Geschäftsmodells (1/2)

Tragen Sie in die vorgesehenen Felder die Werte ein, die für Ihr Unternehmen beziehungsweise für Ihre Wettbewerber zutreffend sind.

Stufe 1	Stufe 2	Stufe 3	Stufe 4	Stufe 5
Ausloten der Möglichkeiten zur Neugestaltung des Geschäftsmodells	*Erste Experimente mit innovativen Geschäftsmodellen*	*Einzelne Initiativen zur Umsetzung innovativer Geschäftsmodelle*	*Multiple Strategien zur Umsetzung innovativer Geschäftsmodelle*	*Radikale, tief greifende Geschäftsmodellinnovationen*

Tragen Sie hier bitte die Branche ein, in der Ihr Unternehmen tätig ist.				
______________________________				
Ihr eigenes Unternehmen/Ihr Wettbewerb wird in Ihrer Branche als Unternehmen wahrgenommen, das häufig neue Wege beschreitet, denen Wettbewerber nur schwer folgen können. Dabei dringt es in andere Branchen ein oder schafft sogar neue Sub-Branchen.				
Trifft nicht zu				Trifft voll zu
1	2	3	4	5
Bitte Wert für eigenes Unternehmen eintragen:				________
Bitte Wert für Wettbewerber eintragen:				________
Ihr eigenes Unternehmen/Ihr Wettbewerb experimentiert regelmäßig mit Veränderungen an seinem Geschäftsmodell in klar abgegrenzten Testmärkten.				
Trifft nicht zu				Trifft voll zu
1	2	3	4	5
Bitte Wert für eigenes Unternehmen eintragen:				________
Bitte Wert für Wettbewerber eintragen:				________
Das unternehmerische Handeln Ihres eigenen Unternehmens/Ihres Wettbewerbs ist konsequent auf die Erschließung neuer, attraktiverer Felder für profitables Wachstum ausgerichtet.				
Trifft nicht zu				Trifft voll zu
1	2	3	4	5
Bitte Wert für eigenes Unternehmen eintragen:				________
Bitte Wert für Wettbewerber eintragen:				________

Die aktuelle Evolutionsstufe des Geschäftsmodells (1/2)

Tragen Sie in die vorgesehenen Felder die Werte ein, die für Ihr Unternehmen beziehungsweise für Ihre Wettbewerber zutreffend sind.

Stufe 1	Stufe 2	Stufe 3	Stufe 4	Stufe 5
Ausloten der Möglichkeiten zur Neugestaltung des Geschäftsmodells	*Erste Experimente mit innovativen Geschäftsmodellen*	*Einzelne Initiativen zur Umsetzung innovativer Geschäftsmodelle*	*Multiple Strategien zur Umsetzung innovativer Geschäftsmodelle*	*Radikale, tief greifende Geschäftsmodellinnovationen*

Ihr eigenes Unternehmen/Ihr Wettbewerb hat im Vertrieb, in der Logistik oder in der Produktion grundlegend neue Kooperationsmodelle erfolgreich umgesetzt.				
Trifft nicht zu				Trifft voll zu
1	2	3	4	5
			Bitte Wert für eigenes Unternehmen eintragen:	______
			Bitte Wert für Wettbewerber eintragen:	______
Ihr eigenes Unternehmen/Ihr Wettbewerb hat grundlegend neue Preismodelle und Markenstrategien erfolgreich umgesetzt.				
Trifft nicht zu				Trifft voll zu
1	2	3	4	5
			Bitte Wert für eigenes Unternehmen eintragen:	______
			Bitte Wert für Wettbewerber eintragen:	______

Aktuelle Evolutionsstufe des eigenen Unternehmens:	______
Aktuelle Evolutionsstufe der Wettbewerber:	______

Die aktuellen Evolutionsstufen Ihres Unternehmens und Ihrer Wettbewerber ergeben sich aus dem Durchschnitt der drei jeweils höchsten Stufenwerte. Eine exakte Einordnung Ihres Unternehmens im Kontext seiner Branche können Sie unter *www.missing-link-online.com* vornehmen.

HANDELN:

So überwinden Sie die Missing Links des Geschäftsmodells

Wie flexibel ist Ihr Geschäftsmodell? Haben Sie einen Missing Link in Ihrem Unternehmen aufgedeckt? Wenn Sie sein Ausmaß bestimmt und seine Dringlichkeit bewertet haben, dann gilt es nun, die konkreten Maßnahmen zu gestalten, die ergriffen werden müssen, um ihn in einen Connecting Link zu überführen. Im Folgenden haben wir wiederum für alle Übergänge von einer Stufe der Evolution zur nächsten entlang der vier zentralen Handlungsfelder – Strategie, Mitarbeiter, Prozesse und Technologie – die wichtigsten Maßnahmen aufgeführt, die umgesetzt werden können beziehungsweise müssen. Bei allen Transformationen ist es auch hier wieder wichtig, diejenigen Maßnahmen, die bei vorangegangenen Übergängen noch nicht umgesetzt wurden, nachträglich zu realisieren.

Was ist zu tun – wenn Sie Stufe 1 noch nicht erreicht haben?

- *Strategie:* Analysieren Sie Markt- und Wettbewerbstrends, um neue Chancen zu identifizieren. Bewerten und priorisieren Sie Möglichkeiten zur Geschäftsmodellinnovation im Rahmen Ihres bestehenden Geschäftsmodells.
- *Mitarbeiter:* Bilden Sie Teams, um die Grundlagen möglicher Geschäftsmodellinnovationen zu analysieren. Identifizieren und bewerten Sie die hieraus resultierenden Anregungen und Möglichkeiten.
- *Prozesse:* Stellen Sie sicher, dass die Prozesse Ihres Unternehmens mengenmäßig vorausplanbar sind. Prozessvariationen müssen erfasst und hochgerechnet werden.

- *Technologie:* Stellen Sie sicher, dass alle von Ihrem Unternehmen eingesetzten Technologien effizient und effektiv eingesetzt werden. Stellen Sie einen konkreten Plan auf, wie Sie die technologische Agilität und Flexibilität gewährleisten können, die für zukünftige Geschäftsmodellinnovationen erforderlich ist.

Was ist zu tun – zur Transformation von Stufe 1 zu Stufe 2?

- *Strategie:* Wählen Sie eine fokussierte strategische Option aus und setzen Sie ein Pilotprojekt zur Geschäftsmodellinnovation auf, von dem Sie sich den höchsten Einfluss auf Ihr Geschäft beziehungsweise den höchsten monetären Wert versprechen.
- *Mitarbeiter:* Statten Sie ein gut ausgewähltes organisationsübergreifendes Team mit den erforderlichen Befugnissen aus, um das Pilotprojekt zu implementieren, indem alle Hindernisse für dessen Erfolg beseitigt werden.
- *Prozesse:* Schaffen Sie ein sicheres Umfeld für das Pilotprojekt, indem Sie es in eine erprobte Untergruppe Ihrer Prozesse einbinden.
- *Technologie:* Setzen Sie Ihre technologischen Kenntnisse wirksam zum eigenen Vorteil ein, indem Sie die Umsetzung der Geschäftsmodellinnovation möglich machen. Konzipieren Sie eine flexible, anpassungsfähige IT-Architektur.

Was ist zu tun – zur Transformation von Stufe 2 zu Stufe 3?

- *Strategie:* Stellen Sie ein Portfolio von Geschäftsmodellinnovationen auf. Sondieren, selektieren und implementieren Sie innovative Ansätze über die verschiedenen Dimensionen der Geschäftsmodellinnovation hinweg.

- *Mitarbeiter:* Versetzen Sie Ihre Mitarbeiter dazu in die Lage, verschiedene Möglichkeiten zur Geschäftsmodellinnovation zu analysieren, zu priorisieren, miteinander zu kombinieren und effektiv zu implementieren.

- *Prozesse:* Stellen Sie durchgängig optimierte Prozesse sicher, deren Subprozesse problemlos verschoben werden können – zum Beispiel im Rahmen von Outsourcing-Projekten oder zur Konsolidierung und Zentralisierung von Dienstleistungsprozessen in einem sogenannten Shared Service Center.

- *Technologie:* Nutzen Sie die Technologien Ihres Unternehmens zum einen als projektübergreifenden Impulsgeber zur Erprobung innovativer Geschäftsmodelle und zum anderen als Grundlage für deren Umsetzung. Implementieren Sie eine flexible, anpassungsfähige IT-Architektur.

Was ist zu tun – zur Transformation von Stufe 3 zu Stufe 4?

- *Strategie:* Ändern Sie Ihre strategische Ausrichtung, weg von der Integration verschiedener Geschäftsmodellinnovationen hin zu einer Kernkompetenz im Bereich schöpferisch-zerstörerischer Veränderungen – die durch einzigartige Mitarbeiter, Prozesse und Technologien möglich werden.

- *Mitarbeiter:* Schaffen Sie unter den Mitarbeitern Ihres Unternehmens Aufmerksamkeit für, Zustimmung zu und aktive Beteiligung an Transformationen des Geschäftsmodells durch einen fundierten Change-Management-Ansatz.

- *Prozesse:* Erarbeiten Sie sich eine führende Position im Hinblick auf die Integration der Prozesse Ihres Unternehmens mit denen externer Partner. Implementieren Sie zudem Prozesse, die Kunden- und Technologietrends beobachten.

- *Technologie:* Nutzen Sie die Technologien Ihres Unternehmens als Fundament für die Flexibilität und Anpassungsfähigkeit Ihres Geschäftsmodells.

Was ist zu tun – zur Transformation von Stufe 4 zu Stufe 5?

- *Strategie:* Fordern Sie Ihre Wettbewerber mit kontinuierlichen Innovationen auf allen Dimensionen der Geschäftsmodellinnovation heraus, um die Wertschöpfung Ihres Unternehmens zu maximieren.
- *Mitarbeiter:* Bauen Sie eine anpassungsfähige Belegschaft auf, die ein Gefühl für Veränderungen am Markt besitzt, sie vorhersehen und angemessen auf sie reagieren kann.
- *Prozesse:* Planen Sie in den Prozessen Ihres Unternehmens dort, wo sie erforderlich sind, ausreichende Freiheitsgrade ein. Um neue Möglichkeiten für Geschäftsmodellinnovationen zu identifizieren, gestalten Sie einen konsequenten „Stage-Gate-Prozess".[54]
- *Technologien:* Schöpfen Sie das gesamte technologische Potenzial Ihres Unternehmens zur Transformation Ihres Geschäftsmodells aus.

Die Gestaltung des Geschäftsmodells, egal, ob sie am Unternehmens-, Umsatz- oder Branchenmodell ansetzt, wird immer auch von den Evolutionstreibern beeinflusst, die wir in den vorangegangenen Abschnitten beschrieben haben – dem Umgang mit Veränderungen, der Fähigkeit zur Innovation und der globalen Agilität. Sie tragen dazu bei, dass das Tempo, mit dem immer neue Varianten des Geschäftsmodells erdacht und umgesetzt werden müssen, entlang der Stufen des Evolutionsprozesses erheblich zunimmt. Um mit diesen Anforderungen Schritt zu halten, benötigt man einen Bauplan für das eigene Geschäft, der eine ausreichende Flexibilität und Reaktionsfähigkeit sicherstellt. In der Praxis hat sich indes gezeigt, dass die heute am weitesten verbreitete Methode zur Aufstellung eines solchen Bauplans – die Anfang der 90er-Jahre populär gewordene Prozesssicht – diesem Anspruch nur bedingt gerecht wird. Ihr Leitbild ist in einfachen Worten schnell erklärt: Ein Unternehmen wird als Summe seiner Betriebsabläufe aufgefasst. Veränderungen kommen zustande, indem man diese Abläufe auf ihren Beitrag zur Wertschöpfung hin untersucht – Unnötiges wird abschafft, die verbleibenden Tätigkeiten werden gestrafft, auf den Kunden ausgerichtet und optimal durch passende Informationstechnologien unterstützt. Eine Sichtweise, die heute nahezu alle Unternehmen wie selbstverständlich übernommen haben. Und doch birgt sie einige nicht zu vernachlässigende Gefahren:[55] Um größere Veränderungen herbeizuführen, setzt die Prozesssicht auf ein umfassendes „Reengineering", das im Rahmen langfristig angelegter Projekte vollzogen wird. Ein Vorgehen, das den aktuellen Anforderungen an die Flexibilität eines Unternehmens nicht mehr genügen kann. Flexibilität muss heute quasi aus dem Stand realisiert werden. Lange Projekte und damit lange Reaktionszeiten kann man sich in kaum einer Branche mehr leisten.

Ein zweiter Nachteil der Prozessperspektive betrifft unmittelbar ihre Kernthese, nämlich das „Primat der Prozesse" – das einseitige Herausheben der Betriebsabläufe als Maß aller Dinge. Die Geschäftsprozesse eines Unternehmens lassen sich heute nicht mehr über die Mitarbeiter stellen, die sie ausführen, und über die Technologien, die sie ermöglichen. „Wir hatten sehr gute Sollprozesse erarbeitet", bestätigt etwa der IT-Leiter eines großen deutschen Unternehmens, „doch als wir die von uns ausgewählte Standardsoftware einführen wollten, blieb davon wenig übrig. Wir mussten die Prozesse, die uns von der IT-Anwendung vorgegeben wurden, übernehmen – Änderungen an der Software hätten uns ein Vermögen gekostet."

Ein drittes Manko der Prozesssicht liegt schließlich in ihrer eingeschränkten Transparenz. Viele strategische Entscheidungen, die weitreichende Veränderungen nach sich ziehen – etwa zu Fusionen, Akquisitionen oder Outsourcing-Vorhaben –, machen es erforderlich, dass die wesentlichen Zusammenhänge schnell und klar erfasst werden können. „Ich muss auf einen Blick erkennen, wo die Überlappungen liegen, wo die Ergänzungen liegen und wo die wesentlichen Probleme zu erwarten sind“, beschreibt etwa der für die Integration von zwei Pharmaunternehmen verantwortliche Projektleiter die Anforderungen, die an ihn gerichtet werden. „Für eine Analyse der Prozesse habe ich jetzt unmöglich Zeit.“

Fassen wir noch einmal zusammen: Die Prozesssicht ist im Hinblick auf Geschäftsmodellinnovationen nur bedingt geeignet, weil sie keine hinreichende Flexibilität und Reaktionsfähigkeit gewährleistet, weil sie Betriebsabläufe nicht als gleichrangig zu den verantwortlichen Mitarbeitern und den eingesetzten Technologien betrachtet und weil sie nicht dazu in der Lage ist, die Komplexität des Geschäfts in einer Form handhabbar zu machen, die dazu geeignet ist, weitreichende strategische Entscheidungen schnell und transparent zu unterstützen.

Doch welche Alternativen gibt es? Wir sehen hier vor allem ein Modell, das nicht die Prozesse, sondern die „Komponenten“ eines Unternehmens in den Mittelpunkt stellt. Das sogenannte Component Business Model fasst ein Unternehmen als ein Netzwerk miteinander interagierender, weitgehend autarker Bestandteile auf, die in der Terminologie des Modells als Komponenten bezeichnet werden – und die im übertragenen Sinne den Organen des menschlichen Körpers ähneln.[56] Wie diese, so nehmen auch die verschiedenen Komponenten eines Unternehmens jeweils eine ganz bestimmte, klar umrissene Aufgabe wahr: die Lunge dient der Atmung, das Herz versorgt den Körper mit Blut – der Einkauf stattet ein Unternehmen mit Gütern und

Dienstleistungen aus, das Beschwerdemanagement sorgt dafür, dass verärgerte Kunden zufriedengestellt werden.

Die Komponenten eines Unternehmens werden so definiert, dass sie untereinander möglichst wenige Schnittstellen aufweisen. Die meisten ihrer Aktivitäten finden in ihrem Inneren statt, nur wenige im Austausch mit dem übrigen Unternehmen. Alle internen Prozesse sind ebenso wie die an ihnen beteiligten Mitarbeiter und die in ihrem Rahmen eingesetzten Technologien ein fester Bestandteil der betreffenden Komponente. Ihre Schnittstellen zum Rest des Unternehmens werden in sogenannten Service Level Agreements geregelt – Vereinbarungen, in denen festgeschrieben wird, welche Leistungen eine Komponente in welcher Qualität und Quantität für welche anderen Komponenten zu erbringen hat.

Hierzu ein Beispiel: Nehmen wir an, in einer Bank würde die Kreditwürdigkeit eines Kunden von den Mitarbeitern derjenigen Filiale geprüft, an die er sich mit seinem Kreditantrag gewandt hat. Bestimmte Teile der Prüfung übernimmt sein Kundenberater, andere werden von einem Sachbearbeiter durchgeführt. Wie die Tätigkeiten zwischen den beiden aufgeteilt werden, das ist von Filiale zu Filiale unterschiedlich geregelt. Nehmen wir zudem an, die Bank wolle die Kreditwürdigkeitsprüfung an einen externen Dienstleister auslagern. Dann müssten zunächst die Auswirkungen auf die jeweiligen Prozesse in den einzelnen Filialen analysiert und – sofern die Prüfung positiv im Sinne der Auslagerung ausfällt – modifiziert werden. Der Kundenberater hätte etwas weniger zu tun, der Sachbearbeiter ebenso, und nun müsste darüber nachgedacht werden, welche anderen Aufgaben sie stattdessen übernehmen können. Eventuell könnte man einzelne Stellen auch in Halbtagspositionen umwandeln oder gegebenenfalls ganz abbauen. Die Effekte, die hierdurch erzielt würden, fielen von Filiale zu Filiale voraussichtlich ganz unterschiedlich aus. Hätte die Bank hingegen all die Arbeitsschritte,

Mitarbeiter und Technologien zur Kreditwürdigkeitsprüfung in einer speziellen Komponente zusammengefasst, die die betreffenden Aufgaben für sämtliche Filialen erbringt, dann wäre sowohl die wirtschaftliche Beurteilung als auch die Umsetzung einer Auslagerung deutlich einfacher zu handhaben. Die Art und Weise, wie der Prozess der Kreditwürdigkeitsprüfung innerhalb der Komponente konkret organisiert wird, müsste hierzu nicht näher betrachtet werden. Von Interesse sind nur die Leistungen, die an den Schnittstellen zu anderen Komponenten erbracht werden, und die hierfür anfallenden Kosten.

Die Vorteile einer solchen Perspektive sind offensichtlich: Jedes Unternehmen lässt sich auf diese Weise in 30 bis 50 Komponenten darstellen – also quasi auf einem Blatt Papier. Die wesentlichen Zusammenhänge können bei einem überschaubaren Detaillierungsgrad leicht nachvollzogen werden, zweitrangige Komplexität hingegen bleibt innerhalb der Komponenten verborgen. So können strategische Entscheidungen operationalisiert werden, ohne die Übersicht zu verlieren. Führungskräfte aus unterschiedlichen Bereichen beziehungsweise Komponenten können zudem gemeinsam an übergreifenden Fragestellungen arbeiten, ohne dass sie die Prozesse der übrigen Komponenten im Detail kennen müssen – und doch entsteht ein Ergebnis aus einem Guss. Eine Komponente kann dabei anderen Komponenten gegenüber als „Blackbox" beschrieben werden, solange die relevanten Schnittstellen eindeutig definiert sind. Zudem lassen sich einzelne Komponenten problemlos organisatorisch neu einordnen oder – wie oben beschrieben – an einen externen Outsourcing-Dienstleister auslagern, ohne dass andere Tätigkeiten im Unternehmen dadurch beeinträchtigt werden. Man kann sich dies in etwa so vorstellen wie in der Musik. Will man das „Geschäftsmodell" eines Akkords, der aus drei Tönen besteht, von einem traurigen Moll in ein fröhliches Dur verwandeln, dann braucht man nur einen der Töne – nur eine Komponente – auszutauschen, die beiden anderen bleiben von der Veränderung unberührt.

Auf der technologischen Ebene korrespondiert das Component Business Model mit sogenannten serviceorientierten Architekturen (kurz: SOA). Auch diese basieren auf einer intelligenten Verknüpfung verschiedener „Komponenten". In diesem Fall handelt es sich bei diesen jedoch nicht um organisatorische Einheiten, sondern um technologische Funktionalitäten. Auch hierzu ein kurzes Beispiel: Nehmen wir an, die IT-Abteilung eines Unternehmens würde zwei Funktionalitäten bereitstellen: eine zum Speichern von Verkaufsdaten und eine zum Berechnen des Mittelwertes aus diesen Daten. Beide Funktionalitäten lassen sich „orchestrieren", das heißt, sie können so miteinander verbunden werden, dass eine weitere Funktionalität resultiert, die eine Liste von Daten mit deren Mittelwerten ausgibt. Jede dieser Funktionalitäten kann dabei auf ganz eigenen technischen Voraussetzungen beruhen. Die Datenspeicherung kann beispielsweise in Java umgesetzt werden, die Berechnung des Mittelwertes in der Programmiersprache C#. Die Bereitstellung der Liste mit den Mittelwerten könnte nun zum Beispiel mithilfe eines Netzwerkprotokolls abgerufen werden, das den Austausch von Daten zwischen verschiedenen Systemen ermöglicht – das also die betreffende Anfrage in eine Java-, C#- oder sonstige Anfrage transformiert und das Ergebnis zurückliefert. Sind alle Funktionalitäten beziehungsweise Komponenten mit diesem Protokoll kompatibel, dann kann man – wenn es erforderlich werden sollte – sehr einfach die spezielle Technologie hinter einer jeden Komponente austauschen. Auch hierdurch steigt die Flexibilität und Reaktionsfähigkeit eines Unternehmens – in diesem Fall die technologische.

Im Folgenden wollen wir zeigen, wie es einem Unternehmen in einem schwierigen Marktumfeld gelungen ist, die Zukunftsfähigkeit seines Geschäftsmodells mithilfe des Component Business Model und einer serviceorientierten IT-Architektur abzusichern: der auf den Bau luxuriöser Kreuzfahrtschiffe spezialisierten Meyer Werft.

Drängeln am Deich: neue Strukturen bei der Meyer Werft

„Ich bin froh, dass sich die Meyer Werft nicht mit dem Gedanken beschäftigt, aus Papenburg und aus Niedersachsen wegzugehen." Ministerpräsident Christian Wulff konnte sich diesen Seitenhieb auf die damals gerade hitzig debattierte Entscheidung des Handyherstellers Nokia zur Schließung seines Werkes in Bochum nicht verkneifen, als er Anfang 2008 den Grundstein für einen Erweiterungsbau der Meyer Werft legte. Mit 2 600 Mitarbeitern ist sie das wirtschaftliche Aushängeschild des Emslands, der strukturschwachen Region im Nordwesten Niedersachsens. Seit 1795 ist die Werft in Papenburg beheimatet. Hier werden in zwei riesigen Hallen, die kilometerweit über das flache Marschland zu sehen sind, Schiffe mit gigantischen Ausmaßen gebaut. Rund 340 Meter lang und fast 40 Meter breit sind die größten von ihnen. Zum Vergleich: Der Commerzbank-Tower in Frankfurt am Main, das höchste Gebäude Zentraleuropas, misst gerade einmal 259 Meter. Nur wenn man seine Antenne hinzuzählt, schafft er die 300er-Marke. Ausmaße, die – in die Horizontale gebracht – in Papenburg zu den kleineren Arbeiten zählen.

Alle großen Anbieter und Namen der Kreuzfahrtbranche ordern bei den Niedersachsen: Royal Caribbean ebenso wie die Norwegian Cruise Line, der Disney-Konzern und Aida – und das, obwohl die Werft gut 40 Flusskilometer vom Meer entfernt liegt. Wer kennt sie nicht, die Bilder vom Drängeln am Deich, wenn sich Zehntausende Schaulustige an den Ufern der Ems versammeln, um zu beobachten, wie die Ozeanriesen zentimetergenau durch den engen Fluss zur Nordsee gelotst werden. Und auch sonst ist die Werft ein wahrer Publikumsmagnet. Rund 300 000 Menschen zieht es jährlich in ihr Besucherzentrum, um einen Blick auf die Luxusliner von morgen zu werfen. Die erstrahlen im Trockendock allerdings noch nicht in ihrem typisch majestätischen Weiß. Hier, in den Hallen an der Ems, tragen sie das rustikale Rot bodenständiger Rostschutzfarbe. Arbeiter in blauen Overalls mit gelben Schutzhelmen steigen durch den Rohbau der Schiffe, Funken fliegen, Hammerschläge dröhnen durch das Dock. Bis zu 800 Tonnen trägt der Kran, der den Arbeitern die Stahlbauteile anreicht, aus denen sie die Schiffe wie aus überdimensionalen Legosteinen zusammenbauen.

Seit sechs Generationen befindet sich die Meyer Werft im Familienbesitz. Ursprünglich als Holzschiffswerft gegründet, nahm sie bereits 1872 den Bau von Stahlrumpfschiffen auf, die mit Dampfturbinen angetrieben wurden. Es heißt, dieser Schritt habe der Werft das Überleben gesichert. 1920 gab es noch etwa 20 weitere Werften in Papenburg, doch nur die Meyer Werft schaffte es bis ins 21. Jahrhundert. Ihr großer Durchbruch begann im Jahr 1985, als das erste Kreuzfahrtschiff vom Stapel lief. In diesem Ereignis manifestiert sich ein Wechsel des Geschäftsmodells, der die großen Erfolge, die die Werft seither verbuchen kann, einläuten sollte.

Die Quintessenz dieses Geschäftsmodells besteht in einer Spezialisierung auf einen Kernmarkt – eben auf die Kreuzfahrtbranche – bei gleichzeitiger Ausdifferenzierung der hierfür erforderlichen Kompetenzen. Gerade der letztere Aspekt gilt heute als einer der entscheidenden Erfolgsfaktoren der Werft – denn der Bau von großen Kreuzfahrtschiffen ist technisch und logistisch hochkomplex. Wie baut man ein dreistöckiges Theater mit Drehbühne, Orchestergraben und über 1 000 Plätzen? Wie ein Fitnessstudio? Eine Bar? Ein Restaurant? Ein Kino mit Dolby-

Surround- und Digitaltechnik? Welche Software braucht man für ein virtuelles Spielkasino? Wie stattet man ein Fernsehstudio aus? Wie lange braucht die Fugenmasse eines Außenpools zum Aushärten, damit sie nicht nur in tropischen, sondern auch in subarktischen Regionen wasserdicht ist? Wie koordiniert man 1 800 verschiedene Zulieferfirmen, vom Fliesenleger aus dem Emsland bis hin zu den weltweit feinsten Innenarchitekten? Schiffsbau, so wie er in Papenburg praktiziert wird, ist eine hochmoderne Industrie, die alle neuen Technologien, von der Satellitenkommunikation über Multimedia bis hin zur neuesten Entsorgungstechnik in einem Produkt vereinigt. Diese Komplexität zu beherrschen, darin liegt eine entscheidende Stärke der Werft.

Ihre Kapazitäten sind bis ins Jahr 2012 ausgelastet – auf dem Weltmarkt hat sich das Unternehmen eine führende Position erarbeitet. Dieser Markt jedoch wird sich in den kommenden Jahren, das ist bereits heute abzusehen, sehr dynamisch entwickeln. Rapide steigende Rohstoffpreise, weltweite Überkapazitäten, die ein bedrohliches Ausmaß annehmen, und aggressive neue Wettbewerber aus Asien bringen das Geschäft der Meyer Werft erheblich unter Druck. Vor diesem Hintergrund hat sich ihre Führung das Ziel gesetzt, das eigene Geschäftsmodell und die Organisation der Werft bis 2012 „sturmfest“ zu machen, um das Unternehmen robust im Wettbewerb aufzustellen.

Eine wesentliche Rolle soll dabei der Informationstechnik zukommen. Die IT-Durchdringung der Geschäftsprozesse und die Integration der eingesetzten Systeme waren bei der Meyer Werft schon immer deutlich weiter fortgeschritten als bei ihren wichtigsten Konkurrenten – ein Differenzierungsmerkmal, das durch das komplexe Produkt bedingt ist und das die Werft im Wettbewerb geschickt zu nutzen weiß. Gleichwohl ist der Umgang des Unternehmens mit informationstechnischen Fragen, insbesondere mit der IT-Fertigungstiefe – also dem Anteil der

Systeme und Anwendungen, den man selbst erstellt und betreibt – als „traditionell“ zu bezeichnen. Doch man weiß, dass das Geschäftsmodell des Unternehmens aktiv durch eine innovative IT unterstützt werden muss. Denn ein Geschäftsmodell, das in erheblichem Maße darauf fußt, Komplexität zu managen, braucht eine IT, die dazu in der Lage ist, komplexe Strukturen und Prozesse flexibel zu handhaben. Um dies zu realisieren, sollte die IT-Organisation neu ausgerichtet werden. Drei zentrale Vorgaben der Geschäftsführung setzten hierzu den Rahmen: Man musste (a) die Schnittstellen der IT zu den Fachbereichen auf operativer, taktischer und strategischer Ebene optimieren, (b) eine flexible Einbindung externer Partner ermöglichen und (c) die Fähigkeit verbessern, geschäftskritische Projekte schnell zu identifizieren, erfolgreich durchzuführen und zu kommunizieren.

Mithilfe des Component Business Model wurden die Grundlagen für die neue IT-Organisation erarbeitet. Um das komplexe Geschäft der Werft überschaubar zu machen, wurden diejenigen Komponenten identifiziert, in denen sie sich vom Wettbewerb differenzieren kann, und diejenigen, in denen sie bestimmte Auflagen erfüllen muss. Im Hinblick auf alle übrigen Komponenten sollte ein Minimalstandard eingehalten werden, da eine Verbesserung über diesen Standard hinaus am Markt keine relevanten Vorteile einbringt. Auf dieser Basis wurden die Vision, die Mission, die strategischen Ziele, die Organisationsprinzipien, die künftigen Kernkompetenzen, die neue Aufbauorganisation sowie die erforderlichen Transformationsmaßnahmen definiert. Für alle IT-Initiativen konnte auf diese Weise der unmittelbare Effekt auf die verschiedenen Komponenten der Werft aufgezeigt werden. Solche Initiativen, die wettbewerbswirksame Komponenten stärken, erhalten oberste Priorität. Solche, die sich nur auf sekundäre Komponenten auswirken, werden zurückgestellt oder reduziert.

Die IT-Abteilung muss – und kann – nach dieser Umstellung auf einfache und anschauliche Weise den Wert ihrer Projekte für das marktbezogene Geschäft der Werft darstellen. So wird die Rolle der IT im Geschäftsmodell des Unternehmens geschärft, ihre Position gestärkt und eine neue Basis für die Verständigung zwischen den IT-Verantwortlichen und den kaufmännischen Bereichen geschaffen. Dies hilft der Unternehmensführung, ihre knappen Management- und Personalressourcen auf die Themen zu konzentrieren, die für den Geschäftserfolg ausschlaggebend sind. Das Komponentenmodell dient dabei als einfaches Raster und als gemeinsamer Maßstab für alle Entscheidungen. Die Planung verläuft transparent und nachvollziehbar, die Komplexität des Geschäfts wird leichter handhabbar. Zudem sind alle getroffenen Entscheidungen nun stärker dem Erfolg am Markt verpflichtet als in der Vergangenheit. Und auch der Einbezug externer Partner lässt sich anhand der Komponentenstruktur flexibler gestalten.

Das gesellschaftliche Engagement: Wohltätigkeit als Wettbewerbsvorteil

Am 30. April 1995 machte der Mineralölkonzern Shell eine im wahrsten Sinne des Wortes „nachhaltige" Erfahrung. An diesem Tag enterten Aktivisten der Umweltschutzorganisation Greenpeace einen ausgedienten schwimmenden Öltank, um dessen Versenkung in der Nordsee zu verhindern. Brent Spar, in den Medien bisweilen als Förderplattform bezeichnet, diente von 1976 bis 1991 als Zwischenlager für das Rohöl, das Shell auf einem nordöstlich der britischen Shetlandinseln, tief im Atlantik gelegenen Ölfeld förderte. Mit Tankschiffen transportierte man das auf dem Meer gelagerte Öl damals zu Raffinerien an Land. Als jedoch Ende der 80er-Jahre Pipelines gebaut wurden, um die Aufgabe des Öltransports zu übernehmen, wurden die schwimmenden Tanks überflüssig. 1995 schließlich entschloss sich der Shell-Konzern, Brent Spar – mit einer Höhe von 140 Metern, einem Durchmesser von 30 Metern und einem Gewicht von 14 500 Tonnen – im Meer zu entsorgen. Eine Entscheidung, die ungeahnte Folgen nach sich ziehen sollte. Die Nachricht von der geplanten Versenkung brachte die Öffentlichkeit massiv gegen das Unternehmen auf. Vor allem in den Niederlanden, in Dänemark und in Deutschland fand die Kampagne, die Greenpeace gegen die Pläne von Shell inszenierte, ein enormes Medienecho. Industrieschrott gehört nicht ins Meer, forderten die Umweltaktivisten – und erhielten dafür in der Bevölkerung regen Zuspruch. Massenhaft boykottierten die Kunden Shell-Tankstellen – die Umsätze sanken zeitweise um bis zu 30 Prozent.

Fast auf den Tag genau zehn Jahre später war die Reputation des Konzerns wieder intakt. Im „Good Company Ranking" aus dem Jahr 2005, in dem das *Manager Magazin* die wichtigsten Konzerne Europas auf ihre Sozialverträglichkeit hin prüfte, platzierte sich Shell unter den fünf besten Unternehmen mit dem höchsten Verantwortungsbewusstsein. Es war ein langer Weg, auf dem das Shell-Management unter Schmerzen lernte, soziale und ökologische Ziele mit den wirtschaftlichen Interessen eines Ölkonzerns in Einklang zu bringen. Corporate Social Responsibility – kurz: CSR – lautet der Fachbegriff hierfür. Auf Deutsch lässt er sich etwas steif mit „unternehmerische Sozialverantwortung" übersetzen. Gemeint ist ein freiwilliger Beitrag der Wirtschaft zu einer nachhaltigen Entwicklung, der über die gesetzlichen Forderungen hinausgeht. CSR steht für verantwortliches unternehmerisches Handeln in der eigentlichen Geschäftstätigkeit, das ökologisch relevante Aspekte ebenso würdigt wie die Beziehungen zu den eigenen Mitarbeitern und den Austausch mit allen übrigen Anspruchsgruppen, den sogenannten Stakeholdern des Unternehmens – also Lieferanten, Banken, Umweltverbänden und dergleichen.

Dass Unternehmen soziales und ökologisches Engagement zeigen, gilt heute nicht nur in der Mineralölbranche als ein tragender Pfeiler des wirtschaftlichen Erfolgs. Statt den bloßen Shareholder-Value zu maximieren, streben immer mehr Unternehmen danach, sich als „Corporate Citizen", als guter Bürger im Unternehmensgewand, in die Gesellschaft einzubringen. Zahlreiche Unternehmensstiftungen wurden in den vergangenen Jahren ins Leben gerufen. Sie engagieren sich für Bildung, Kultur, Entwicklungshilfe, Umwelt- und Klimaschutz.

Ökonomisch lohnt es sich, soziale und ökologische Verantwortung zu übernehmen. Das hat der renommierte Harvard-Professor Michael Porter bereits im März 2003 unter der Überschrift „Wohltätigkeit als Wettbewerbsvorteil" in einem Beitrag im *Harvard Businessmanager* anschaulich beschrieben. Doch damit sich Wohltätigkeit wirklich auszahlt, darf sie in der Öffentlichkeit nicht als bloßer PR-Schachzug empfunden werden. Eine Falle, in die unlängst der Generikahersteller Ratiopharm tappte. „Gute Preise. Gute Besserung." Mit diesem Motto und einem Zwillingspärchen, das in unzähligen TV-Werbespots erkrankten Mitmenschen das passende Medikament aus dem Hause Ratiopharm empfahl, warb das Unternehmen lange Zeit für seine Produkte – bis es durch dubiose Vertriebspraktiken in die Kritik geriet. Im Jahr 2005 wurde der Pharmakonzern beschuldigt, Ärzten systematisch Geld dafür zu zahlen, dass sie die eigenen Produkte bevorzugt verschreiben. Darauf deuteten E-Mails, Schecks und interne Dokumente hin, die der Zeitschrift *Stern* vorlagen. Um den Imageverlust wettzumachen, mussten die blonden Zwillinge einem neuen Konzept weichen. Die ausgewechselte Führungsspitze wollte durch offen zur Schau gestellte soziale Verantwortung ihren guten Willen demonstrieren. Mit der 2006 gegründeten Stiftung „World in Balance" wollte man, so das Unternehmen, einen Beitrag leisten, um das Gleichgewicht unserer Welt in Ordnung zu bringen. Seither fließt von jedem verkauften Ratiopharm-Produkt ein Cent in die Stiftung.

Im Grunde ein löblicher Gedanke. In den Medien und in der Öffentlichkeit wirkten die Aktivitäten jedoch vor allem wie eine schlecht gemachte PR-Masche. Zu groß war die zeitliche Nähe zwischen dem Skandal und dem Bekenntnis zum unternehmerischen Gutmenschentum, zu unprofessionell der Umgang mit kritischen Fragen. So wunderte sich etwa ein Gast einer von der Stiftung organisierten Abendveranstaltung, dass eine Publikumsdiskussion nach einigen leidlich kritischen Fragen einer Teilnehmerin barsch abgebrochen wurde; ihr Hauptkritikpunkt: der auf der Speisekarte aufgeführte Viktoriabarsch und die mit seiner Zucht verbundenen Probleme. „Insgesamt haben nicht die kritischen Fragen, sondern der Umgang mit der Kritik für mich ein schlechtes Licht auf den Abend geworfen. Warum stellt man sich nicht der Diskussion? Warum traut man sich nicht ein öffentliches ‚Mist, da hätten wir besser sein können!

Wir kümmern uns drum!'?"[57] Ähnlich scharf fielen auch einige Kommentare in den Medien aus, die dem damaligen Firmenchef Philipp Daniel Merckle eine „sonderbare Mischung aus Esoterik, Weltverbesserungswillen und Waldorf-Rhetorik" bescheinigten.[58]

Deutlich glaubwürdiger ist da schon das soziale Engagement der SAP-Gründer Dietmar Hopp und Hasso Plattner. Bereits im Jahr 2005 stand Plattner mit 39 Millionen Euro Spendengeldern an der Spitze der freigiebigsten Unternehmer Deutschlands. Der größte Teil floss in den Aufbau des Hasso-Plattner-Instituts in Potsdam, ein Ausbildungs- und Forschungsinstitut für Informationstechnologie.[59] Dietmar Hopps Lieblingsprojekt hingegen ist der Sport. Ohne ihn gäbe es keine SAP Arena in Mannheim, keine Heimat für das Eishockeyteam der Adler und die Handballmannschaft der Rhein-Neckar-Löwen. Und vor allem gäbe es nicht den sensationellen Aufstieg der TSG Hoffenheim. Hier, in Hoffenheim, hat Hopp in seiner Jugend selbst Fußball gespielt – als engagierter Linksaußen. Heute hat er den Verein mit seinem Geld von der Kreisliga bis in die Spitze des bezahlten Profifußballs geführt. Hopps Aktivitäten sind glaubwürdig, denn er verkörpert den typischen deutschen Unternehmer, der das von ihm verdiente Geld in der Provinz investiert. Ein Großteil davon steckt in einer der größten privaten Stiftungen Europas. Die Dietmar-Hopp-Stiftung besitzt ein Vermögen von über vier Milliarden Euro. Ohne sie müsste manches Krankenhaus der Region auf Bestrahlungsgeräte verzichten und manche Schule auf Computer. Hopp ist so etwas wie der gute Mensch von Rhein und Neckar. „Ich will der Region hier etwas zurückgeben", sagt er – und meint es ernst. Das merkt man.[60]

In den meisten Fällen ist allerdings davon auszugehen, dass ein Unternehmen bei seinen sozialen Aktivitäten nicht aus reinem Altruismus handelt. Schließlich ist das neue soziale Gewissen nicht von selbst entstanden, sondern durch Druck von außen. Shell etwa spürte den Unmut seiner Kunden ganz unmittelbar in der eigenen Bilanz. Dieser Druck wird weiter steigen. Zum einen, weil die großen Ratingagenturen beginnen, sich mit sozialer Verantwortung als Wettbewerbsfaktor auseinanderzusetzen, und zum anderen, weil Nichtregierungsorganisationen immer effizienter arbeiten und bei Missständen Ärger machen. Der Vorsitzende einer Organisation aus dem öffentlichen Sektor in Frankreich bemerkt hierzu: „Umweltschutzgesetze sind kein so großes Problem. Es ist relativ einfach, die ISO-14000-Norm zu erfüllen. Viel schwieriger ist es, dem Druck in Medien und Politik vonseiten umweltpolitisch aktiver Nichtregierungsorganisationen standzuhalten."

Fast alle Führungskräfte stimmen darin überein, dass auch die Erwartungen der Kunden an die gesellschaftliche Verantwortung eines Unternehmens immer mehr an Einfluss gewinnen. Vor allem bei Umweltthemen ist dies offensichtlich:[61] Der Klimawandel verlangt wirksame Maßnahmen von jedem einzelnen Unternehmen auf der ganzen Welt. Zugleich hat er viele Menschen für ein breites Spektrum an ökologischen und darüber hinaus auch an anderen sozialen Themen sensibilisiert – von der Kinderarbeit über das Recycling bis hin zur Produktsicherheit –, für die sie immer häufiger aktiv werden. Diese Entwicklung beobachtet auch Vinod Mittal – und überträgt sie auf die Unternehmensperspektive: „Ich erwarte, dass die Corporate Responsibility drei Phasen durchlaufen wird", sagt der Geschäftsführer des indischen Stahlproduzenten ISPAT Industries. „Zuerst wenden sich die Unternehmen Themen wie der Umwelt zu, weil sie dazu gezwungen sind. Dann stellen sie fest, dass sich das aus geschäftlicher Sicht lohnt. Und letztendlich werden sie sich engagiert für solche Themen einsetzen – nicht aus Zwang und eigennützigen Motiven, sondern einfach, weil es richtig ist."

Auch die Forschungsergebnisse von IBM belegen die zunehmende geschäftliche Relevanz der Corporate Social Responsibility. Bei jeder der in den vergangenen Jahren von IBM durchgeführten globalen Vorstandsstudien wurden die wichtigsten externen Faktoren analysiert, die ein Unternehmen künftig beeinflussen werden. Nur drei dieser Faktoren besaßen jedes Mal eine höhere Bedeutung als in der Vorgängerstudie: Umweltthemen, sozioökonomische Faktoren und die Mitarbeiterqualifikation. Es fällt auf, dass alle drei Faktoren einen offensichtlichen CSR-Zusammenhang besitzen.

Angesichts des Mangels an qualifizierten Mitarbeitern ist der Ruf, den ein Arbeitgeber im Bereich CSR genießt, zudem ein wichtiges Argument, um Mitarbeiter zu gewinnen und zu halten. Ein starkes Engagement für unternehmerische Nachhaltigkeit ist dabei ein eindeutiges Unterscheidungsmerkmal, das alle Marktteilnehmer sehen können. Das Gleiche gilt auch für die Kundenseite. Auch eine starke Marke muss in Zukunft CSR-kompatibel sein.

Viele Unternehmen sind bereit, mehr als nur Gutes zu tun – sie tragen zum Wachstum ihres Unternehmens bei, indem sie mehr soziale Verantwortung übernehmen. Im Folgenden haben wir beschrieben, wie das Unternehmen der Zukunft das Thema CSR handhaben wird:

Das Unternehmen der Zukunft ...

... weiß, welche Erwartungen an CSR gestellt werden

Unternehmen verlassen sich nur auf Vermutungen darüber, was CSR für ihre Kunden bedeutet. In einer vor Kurzem durchgeführten Umfrage zum Thema CSR gab nur ein Viertel der befragten Unternehmen an, die Belange seiner Kunden genau zu verstehen.[62] Im Gegensatz dazu weiß das Unternehmen der Zukunft, was seine Kunden erwarten. Es trifft seine Entscheidungen auf der Basis von Fakten und von direktem Feedback vom Kunden.

... *informiert, ohne zu überfordern*

Das Unternehmen der Zukunft ist transparent und bleibt im Hintergrund. Es findet kreative Wege, um relevante Informationen bereitzustellen – zum Beispiel Codes auf der Verpackung, über die interessierte Kunden Einzelheiten wie Bezugsquellen, mögliche Folgen für die Umwelt und Hinweise zur Wiederverwertung herausfinden können, entweder während des Einkaufs im Geschäft oder später zu Hause.

... *beginnt mit grünen Themen*

Angesichts des hohen Ölpreises und der wachsenden Sorge um CO_2-Emissionen ist das Thema Energieeffizienz heute von entscheidender Bedeutung – nicht nur für Unternehmen, sondern vor allem für unseren Planeten. Das Unternehmen der Zukunft startet häufig mit Umweltinitiativen, wenn es Veränderungen im Bereich CSR angeht. Dabei sammelt es Erfahrung in der effektiven Zusammenarbeit mit anderen Beteiligten bei Themen, die uns alle betreffen.

... *bezieht Nichtregierungsorganisationen in die Lösung von Problemen ein*

Anstatt Aktivistengruppen misstrauisch zu begegnen – oder ihnen einfach nur Daten zu liefern –, arbeitet das Unternehmen der Zukunft aktiv mit ihnen zusammen. Es könnte beispielsweise die Hilfe von Nichtregierungsorganisationen bei der Überwachung oder Überprüfung von Einrichtungen oder der Festlegung von Branchenstandards in Anspruch nehmen.

... *hilft seinen Mitarbeitern, mit ihrer Arbeit die Welt zu verbessern*

Mitarbeiter wollen heute für Unternehmen arbeiten, die ethische und soziale Verantwortung übernehmen. Das ist allgemein bekannt. Doch das Unternehmen der Zukunft weiß zudem, dass die Mitarbeiter sich aktiv an der Lösung von CSR-Problemen beteiligen wollen. Die Initiativen des Unternehmens vereinen alle Mitarbeiter im Einsatz für eine gemeinsame Sache, die die Welt buchstäblich verbessert.

Auf dem Weg zum Unternehmen der Zukunft lassen sich empirisch auch im Hinblick auf das gesellschaftliche Engagement fünf Reifegrade unterscheiden. Sie entsprechen den fünf Evolutionsstufen dieser Dimension und können wiederum sowohl für einzelne Unternehmen als auch für ganze Branchen beobachtet werden.

Die fünf Evolutionsstufen des gesellschaftlichen Engagements:

1. *Einhalten der gesetzlichen Bestimmungen*

   Vor allem Unternehmen, die in einer Branche, in der Vertrauen, Markenwahrnehmung und Reputation keinen maßgeblichen Einfluss auf die Kaufentscheidung besitzen, mit einem Geschäftsmodell, das nicht auf hoch qualifizierten Mitarbeitern aufbaut, standardisierte physische Produkte anbieten, gehen über ein bloßes Einhalten der an sie gerichteten gesetzlichen Bestimmungen selten hinaus. Insbesondere, wenn ihr Geschäftsmodell in der Öffentlichkeit nicht mit negativen Effekten für die Umwelt verbunden wird.

2. *Strategische Philanthropie*

   Mit zunehmender Bedeutung der oben genannten Faktoren und mit zunehmendem Individualisierungsgrad der angebotenen Produkte gehen mehr und mehr Unternehmen dazu über, soziale Aktivitäten aufzunehmen, die dabei helfen, ganz bestimmte strategische Ziele zu realisieren.

3. *Wertebasierte Selbstregulation*

   Auf der nächsten Stufe finden sich vor allem Unternehmen, die Informationsprodukte oder standardisierte Dienstleistungen anbieten. Aber auch in anderen Branchen, in denen das Kaufverhalten maßgeblich vom Vertrauen bestimmt wird, das die Abnehmer einem Unternehmen entgegenbringen, und in denen die Fähigkeit, hoch qualifizierte Mitarbeiter zu gewinnen und zu halten, einen wichtigen Faktor für den Geschäftserfolg darstellt, beginnen immer mehr Unternehmen, auf der Grundlage fester Werte einen selbstregulierenden Prozess zu initiieren, der die soziale Verantwortung in der eigenen Kultur verankert.

4. *Effizienz durch CSR*

   Auf der nächsten Stufe des gesellschaftlichen Engagements versuchen Unternehmen durch ihre CSR-Aktivitäten gezielt die Effizienz des eigenen Geschäfts zu verbessern – zum Beispiel, indem sie ihren Wasser- oder Stromverbrauch senken und energiesparend wirtschaften.

5. *CSR als Wachstumsplattform*

   Die fünfte und letzte Evolutionsstufe entspricht wiederum den oben beschriebenen Eigenschaften des Unternehmens der Zukunft, das seinen gesellschaftlichen Einsatz vor allem als Chance für neues Wachstum begreift.

Abb. 1 kann somit wie in Abb. 12 gezeigt präzisiert werden.

Im folgenden Abschnitt wollen wir nun ein Unternehmen vorstellen, das im Hinblick auf sein soziales Engagement wahrscheinlich als einzigartig gelten kann: den amerikanischen Lebensmittelproduzenten Newman's Own.

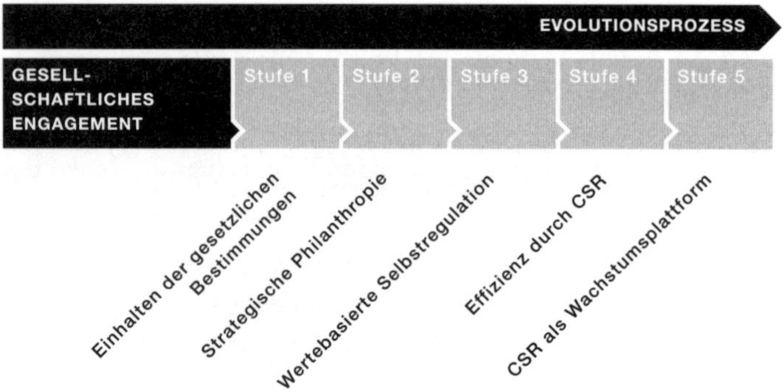

Abb. 12: Evolutionsstufen des gesellschaftlichen Engagements

Engagiert, nicht nur regelkonform: Soßen von Newman's Own

„Er hat die Latte für uns alle ziemlich hoch gehängt." George Clooney machte keinen Hehl aus seiner Trauer über den Tod des 2008 verstorbenen Hollywood-Kollegen Paul Newman.[63] Mit Filmen wie „Butch Cassidy und Sundance Kid", „Der Clou" oder „Die Katze auf dem heißen Blechdach" hat Newman Kinogeschichte geschrieben. Doch wirklich hoch hängte er die Latte mit ganz anderen Aktivitäten – als Unternehmer und Wohltäter.

Sein kulinarisches Imperium, das 1982 mit der Herstellung von Salatsoßen gestartet ist und heute unter der Marke „Newman's Own" rund 150 Produkte im Angebot hat – von Pfefferminzbonbons über Popcorn bis hin zu Fruchtsäften und Chardonnay –, ist der Inbegriff eines sozial engagierten Unternehmens. Die genauen Umsatzzahlen gibt man zwar nicht bekannt, doch der Gewinn fließt bis auf den letzten Cent in wohltätige Projekte. Finanziert werden damit unter anderem mehrere Ferienlager für schwerkranke Kinder, die Newmans Stiftung „Hole in the Wall

Gang" in den USA, in Israel und in einigen nordeuropäischen Staaten betreibt. Mehr als 135 000 Patienten aus aller Welt waren bereits dort, um im Sommer ein paar Wochen fernab des Krankenhausalltags zu verbringen. Eine andere von Newman ins Leben gerufene Stiftung kämpft gegen den Drogenmissbrauch unter Jugendlichen.

Das Geld hierfür erwirtschaftet ein florierendes Unternehmen, das einst aus einem Spaß entstand. „Wenn ich einen Plan gehabt hätte", steht auf einem Schild in der Firmenzentrale von Newman's Own in Connecticut, „dann wäre ich damit böse auf die Nase gefallen." Einen Plan gab es tatsächlich nicht, als Newman in den 80er-Jahren damit begann, sein selbst gemachtes Salatdressing in Flaschen abzufüllen, um guten Freunden eine Weihnachtsüberraschung zu machen. Die Begeisterung war groß – so groß, dass Newman 1982 gemeinsam mit seinem langjährigen Freund A. E. Hotchner 80 000 Dollar investierte, um das Dressing bei einem privaten Abfüller produzieren zu lassen.

Auch eine professionelle Vermarktung wollten die beiden auf die Beine stellen – auch wenn die zurate gezogenen Experten vor Anlaufverlusten in Millionenhöhe warnten. Hotchner überredete Newman, der die Öffentlichkeit sonst eher mied, sein Konterfei auf die Soßenflaschen drucken zu lassen. Newman stimmte zu, allerdings nur unter der Bedingung, dass sämtliche Profite nach Steuern für wohltätige Zwecke ausgegeben würden. Gesagt, getan, und so ziert heute jedes Produkt aus dem Hause Newman das stilisierte Antlitz des Besitzers – mal mit den Hörnern eines Stiers auf dem Etikett einer Steaksoße, mal mit Schnauzbart und Sombrero auf dem Glas einer Salsa-Soße oder als Marmorbüste mit goldenem Lorbeerkranz auf einem Cesar Dressing.

Ohne jegliche Werbung wuchs das Unternehmen von Beginn an Jahr für Jahr um 20 Prozent. Erst Anfang der 90er-

Jahre begann man Anzeigen zu schalten, kooperierte mit Fast-Food-Ketten – etwa mit McDonald's, die ihre Salate mit den Soßen von Newman's Own verfeinern – und baute ein professionelles Management auf. Die Gewinne indes verteilten Newman und Hotchner am Ende des Jahres weiterhin persönlich an wohltätige Einrichtungen. Newman war, das darf man mit Fug und Recht behaupten, ein wahrer Philanthrop. Einer, der es sich leisten konnte – aber auch einer, der als sozial engagierter Unternehmer frei von jedem Selbstzweck agierte. Damit liegt er im Grunde außerhalb der von uns betrachteten Kategorien. Doch als Vorbild taugt er allemal – als ökonomisches, denn sein Unternehmen beweist auf ganz eigene Art, wie sehr sich soziale Verantwortung als Wachstumsplattform eignet, und als menschliches ohnehin. Kurz vor seinem Tod rief der Schauspieler die Newman-Stiftung ins Leben, die das gesellschaftliche Engagement und die Verteilung der Soßen-Gewinne ganz in seinem Sinne weiterführt.

X WISSEN: So finden Sie die Missing Links des gesellschaftlichen Engagements

Auf den folgenden Seiten finden Sie unsere Checklisten zur Beurteilung des sozialen Engagements Ihres Unternehmens. Kreuzen Sie zur Ermittlung der strategischen Evolutionsstufe wiederum diejenigen Aussagen an, die für Ihr Unternehmen charakteristisch sind. Aus dem Durchschnitt der drei höchsten Stufenwerte ergibt sich auch hier wieder die Position, die Ihr Unternehmen im nächsten Entwicklungsschritt erreichen sollte. Zur Bestimmung der Ausgangslage Ihres eigenen Unternehmens und der Ihrer Wettbewerber tragen Sie in der dafür vorgesehenen Liste die entsprechenden Werte ein. Die aktuelle Evolutionsstufe, die Ihr Unternehmen beziehungsweise Ihre Konkurrenz erreicht hat, ergibt sich wiederum aus dem Durchschnitt der drei höchsten Einzelbewertungen.

Wir möchten auch an dieser Stelle darauf hinweisen, dass Sie unter *www.missing-link-online.com* die Möglichkeit haben, eine exakte Einordnung Ihres Unternehmens im Kontext seiner Branche vorzunehmen.

Die strategische Evolutionsstufe des gesellschaftlichen Engagements (1/2)

Bitte kreuzen Sie jeweils den Stufenwert an, der für Ihr Unternehmen zutreffend ist.

Stufe 1	Stufe 2	Stufe 3	Stufe 4	Stufe 5
Einhalten der gesetzlichen Bestimmungen	*Strategische Philanthropie*	*Wertebasierte Selbstregulation*	*Effizienz durch CSR*	*CSR als Wachstumsplattform*

Tragen Sie hier bitte die Branche ein, in der Ihr Unternehmen tätig ist.				
______________________________				
Wie wichtig ist es für Ihr Geschäftsmodell, herausragend qualifizierte Mitarbeiter für Ihr Unternehmen zu gewinnen und zu halten?				
Keine Bedeutung für das Geschäftsmodell ☐	Geringe Bedeutung für das Geschäftsmodell ☐	Mittlere Bedeutung für das Geschäftsmodell ☐	Hohe Bedeutung für das Geschäftsmodell ☐	Kritische Bedeutung für das Geschäftsmodell ☐
Wie wichtig sind die Faktoren Vertrauen, Reputation und Markenwahrnehmung in Ihrer Branche für die Kaufentscheidung der Kunden?				
Keine Bedeutung für das Kaufverhalten ☐	Geringe Bedeutung für das Kaufverhalten ☐	Mittlere Bedeutung für das Kaufverhalten ☐	Hohe Bedeutung für das Kaufverhalten ☐	Kritische Bedeutung für das Kaufverhalten ☐
In welchem Ausmaß beeinflusst die Wahrnehmung wichtiger Einflussgruppen – etwa Regulierer, Kapitalmärkte, Regierung, Medien, allgemeine Öffentlichkeit – die Fähigkeit Ihres Unternehmens, mit seinem Geschäftsmodell profitabel zu arbeiten?				
Keine Auswirkung ☐	Geringe Auswirkung ☐	Mittlere Auswirkung ☐	Hohe Auswirkung ☐	Kritische Auswirkung ☐

Die strategische Evolutionsstufe des gesellschaftlichen Engagements (2/2)

Bitte kreuzen Sie jeweils den Stufenwert an, der für Ihr Unternehmen zutreffend ist.

Stufe 1	Stufe 2	Stufe 3	Stufe 4	Stufe 5
Einhalten der gesetzlichen Bestimmungen	*Strategische Philanthropie*	*Wertebasierte Selbstregulation*	*Effizienz durch CSR*	*CSR als Wachstumsplattform*

Wird das Geschäftsmodell Ihres Unternehmens mit negativen Effekten auf die Umwelt beziehungsweise auf die soziale und ökologische Nachhaltigkeit verbunden?				
Im Gegenteil – wir verbessern die Umwelt ☐	Nein – unser Geschäftsmodell ist umweltneutral ☐	Geringe negative Effekte ☐	Starke negative Effekte ☐	Sehr starke negative Effekte ☐
Wie werden Sie das Geschäftsmodell Ihres Unternehmens in den nächsten fünf Jahren auf dem Produkt-Dienstleistungs-Kontinuum positionieren?				
Standardisierte physische Produkte ☐	Physische Produkte mit geringer Individualisierung ☐	Informationsprodukte oder Standarddienstleistungen ☐	Individualisierte Dienstleistungen ☐	Komplexe, wissensbasierte Dienstleistungen ☐

Strategische Evolutionsstufe des eigenen Unternehmens: ________

Die strategische Evolutionsstufe, die Ihr Unternehmen im Hinblick auf sein gesellschaftliches Engagement anstreben sollte, ergibt sich aus dem Durchschnitt der drei höchsten Stufenwerte, die von Ihnen angekreuzt wurden.

Die aktuelle Evolutionsstufe des gesellschaftlichen Engagements (1/2)

Tragen Sie in die vorgesehenen Felder die Werte ein, die für Ihr Unternehmen beziehungsweise für Ihre Wettbewerber zutreffend sind.

Stufe 1	Stufe 2	Stufe 3	Stufe 4	Stufe 5
Einhalten der gesetzlichen Bestimmungen	*Strategische Philanthropie*	*Wertebasierte Selbstregulation*	*Effizienz durch CSR*	*CSR als Wachstumsplattform*

Tragen Sie hier bitte die Branche ein, in der Ihr Unternehmen tätig ist.
____

Ihr eigenes Unternehmen/Ihr Wettbewerb hat den Ruf, mit menschlichen und natürlichen Ressourcen verantwortungsbewusst und weitsichtig umzugehen, und nutzt seine diesbezüglichen Erfahrungen als Wachstumschance.				
Trifft nicht zu				Trifft voll zu
1	2	3	4	5
Bitte Wert für eigenes Unternehmen eintragen:				________
Bitte Wert für Wettbewerber eintragen:				________
Ihr eigenes Unternehmen/Ihr Wettbewerb hat Programme etabliert, durch die die Mitarbeiter Gelegenheit erhalten, sich für Nachhaltigkeitsthemen zu engagieren – und dabei unterstützt werden.				
Trifft nicht zu				Trifft voll zu
1	2	3	4	5
Bitte Wert für eigenes Unternehmen eintragen:				________
Bitte Wert für Wettbewerber eintragen:				________

Ihr eigenes Unternehmen/Ihr Wettbewerb bindet bei der Entscheidungsfindung zu zentralen CSR-Themen relevante Anspruchsgruppen ein (zum Beispiel Regierungsgremien, NGOs etc.).				
Trifft nicht zu				Trifft voll zu
1	2	3	4	5
Bitte Wert für eigenes Unternehmen eintragen:				________
Bitte Wert für Wettbewerber eintragen:				________

Die aktuelle Evolutionsstufe des gesellschaftlichen Engagements (2/2)

Tragen Sie in die vorgesehenen Felder die Werte ein, die für Ihr Unternehmen beziehungsweise für Ihre Wettbewerber zutreffend sind.

Stufe 1	Stufe 2	Stufe 3	Stufe 4	Stufe 5
Einhalten der gesetzlichen Bestimmungen	*Strategische Philanthropie*	*Wertebasierte Selbstregulation*	*Effizienz durch CSR*	*CSR als Wachstumsplattform*

Ihr eigenes Unternehmen/Ihr Wettbewerb leistet einen sichtbaren Beitrag zur Verbesserung der Lebens- und Arbeitsbedingungen der Mitarbeiter und der Gesellschaft in den Ländern, in denen es aktiv ist.				
Trifft nicht zu				Trifft voll zu
1	2	3	4	5
			Bitte Wert für eigenes Unternehmen eintragen:	________
			Bitte Wert für Wettbewerber eintragen:	________
Ihr eigenes Unternehmen/Ihr Wettbewerb hat die erforderlichen technologischen Voraussetzungen für interne und organisationsübergreifende Kooperationen zu Nachhaltigkeitsthemen geschaffen und geeignete Mechanismen etabliert, um Kennzahlen zu den wichtigsten CSR-Aspekten in die Unternehmenssteuerung einfließen zu lassen.				
Trifft nicht zu				Trifft voll zu
1	2	3	4	5
			Bitte Wert für eigenes Unternehmen eintragen:	________
			Bitte Wert für Wettbewerber eintragen:	________

Aktuelle Evolutionsstufe des eigenen Unternehmens:	________
Aktuelle Evolutionsstufe der Wettbewerber:	________

Die aktuellen Evolutionsstufen Ihres Unternehmens und Ihrer Wettbewerber ergeben sich aus dem Durchschnitt der drei jeweils höchsten Stufenwerte. Eine exakte Einordnung Ihres Unternehmens im Kontext seiner Branche können Sie unter *www.missing-link-online.com* vornehmen.

✔ HANDELN:

So überwinden Sie die Missing Links des gesellschaftlichen Engagements

Wenn Sie mithilfe unserer Checklisten einen Missing Link im Hinblick auf das gesellschaftliche Engagement Ihres Unternehmens aufgespürt haben, sein Ausmaß bestimmt und seine Dringlichkeit bewertet, dann gilt es nun, die konkreten Maßnahmen abzuleiten, die ergriffen werden müssen, um den Missing Link in einen Connecting Link zu transformieren. Im Folgenden haben wir diese wiederum für alle Übergänge von einer Stufe der Evolution zur nächsten entlang der vier zentralen Handlungsfelder – Strategie, Mitarbeiter, Prozesse und Technologie – systematisiert. Bei jeder Transformation müssen auch hier wieder diejenigen Maßnahmen berücksichtigt werden, die bei vorangegangenen Übergängen noch nicht umgesetzt wurden.

Was ist zu tun – wenn Sie Stufe 1 noch nicht erreicht haben?

- *Strategie:* Erstellen Sie explizite Prognosen, welche regulatorischen Maßnahmen in Ihrem Geschäft in absehbarer Zukunft ergriffen werden, und versuchen Sie, diese im Sinne Ihres Unternehmens gezielt zu beeinflussen. Entwickeln Sie zudem ein Verfahren, um Gefährdungspotenziale zu identifizieren, zu verstehen und zu handhaben.
- *Mitarbeiter:* Setzen Sie Standards zur Chancengleichheit und zur kulturellen Vielfalt in den globalen Strukturen Ihres Unternehmens. Etablieren, überwachen und belohnen Sie zudem die Einhaltung von Vorschriften.
- *Prozesse:* Gestalten Sie Prozesse zur Datensammlung und Datenanalyse in „Echtzeit“. Entwerfen Sie Szenarien, um gegebenenfalls korrektiv einzugreifen.

- *Technologie:* Entwickeln Sie Systeme zur Überwachung und Nachverfolgung von Geschäftsprozessen. Implementieren Sie Systeme zum besseren Verständnis zukünftiger Trends und zum Vermeiden von Risiken.

Was ist zu tun – zur Transformation von Stufe 1 zu Stufe 2?

- *Strategie:* Erstellen Sie Prognosen zu den zukünftigen Bedürfnissen Ihrer wichtigsten Anspruchsgruppen und gleichen Sie diese mit den Fähigkeiten und Kompetenzen Ihres Unternehmens ab. Entwickeln Sie einen Ansatz, der den Wert, den Ihre Produkte und Dienstleistungen für Ihre Abnehmer und für andere Anspruchsgruppen besitzen, explizit mit dem Wert Ihres Unternehmens verbindet.
- *Mitarbeiter:* Motivieren Sie Ihre Mitarbeiter, Projekte aufzusetzen und zu leiten, die philanthropische Aktivitäten mit den operativen Tätigkeiten Ihres Unternehmens verknüpfen.
- *Prozesse:* Bauen Sie Prozesse in Ihre Geschäftstätigkeit ein, die Ihre Mitarbeiter dazu motivieren, sich gesellschaftlich zu engagieren.
- *Technologie:* Entwickeln Sie eine offene Kooperationsplattform, um Tools und Ideen mit den wichtigsten Anspruchsgruppen Ihres Unternehmens zu teilen.

Was ist zu tun – zur Transformation von Stufe 2 zu Stufe 3?

- *Strategie:* Bringen Sie das Wertesystem Ihres Unternehmens ein, um ein Geschäftsverhalten zu fördern, das selektiv einzelne Mindeststandards übertrifft.
- *Mitarbeiter:* Geben Sie Ihren Mitarbeitern die Befugnis, an der Definition Ihrer Unternehmenswerte mitzuwirken, und honorieren sie unterstützendes Verhalten.

- *Prozesse:* Gestalten Sie Prozesse, die Ihre Mitarbeiter dazu in die Lage versetzen, bestehende Standards anzuheben und zu überwachen.
- *Technologie:* Stellen Sie eine eindeutige Interpretation von Daten sicher, die sich auf ein und dasselbe Objekt beziehen, aber aus unterschiedlichen Bereichen stammen – etwa aus unterschiedlichen Absatzgebieten, Produktgruppen oder betrieblichen Funktionsbereichen (sichern Sie einen „Single View of Truth" beziehungsweise eine „Single Version of Truth").

Was ist zu tun – zur Transformation von Stufe 3 zu Stufe 4?

- *Strategie:* Suchen Sie aktiv nach Möglichkeiten, breite Nachhaltigkeitsthemen unter Kostengesichtspunkten zu adressieren – etwa die CO_2-Belastung, die Wasserversorgung, die Entsorgung von Abfällen und dergleichen.
- *Mitarbeiter:* Motivieren Sie Ihre Mitarbeiter, in solchen Bereichen innovative Ideen zu entwickeln, die der Gesellschaft und zugleich auch Ihrem Unternehmen einen Nutzen stiften.
- *Prozesse:* Gestalten Sie ressourcenintensive Praktiken und Prozesse sozial- und umweltverträglich um.
- *Technologie:* Binden Sie Technologien in Ihre operativen Prozesse ein, die eine Rückverfolgung von Produkten, Komponenten und Aktivitäten ermöglichen – im eigenen Unternehmen, vom Kunden und auch darüber hinaus. Entwickeln Sie zudem ein „Nachhaltigkeits-Dashboard", das übersichtlich über die wichtigsten CSR-Kennzahlen informiert.

Was ist zu tun – zur Transformation von Stufe 4 zu Stufe 5?

- *Strategie:* Suchen Sie systematisch nach Gelegenheiten, die es Ihnen ermöglichen, die Fähigkeiten und Kompetenzen Ihres Unternehmens so einzusetzen, dass Sie zur Lösung wesentlicher gesellschaftlicher Probleme beitragen, die zugleich einen hohen geschäftlichen Wert besitzen.

- *Mitarbeiter:* Erschließen Sie neue Geschäftsgelegenheiten auf der Grundlage von Investitionen in CSR-Initiativen Ihrer Mitarbeiter.

- *Prozesse:* Binden Sie die Sichtweise Ihrer „Stakeholder" – Kunden, Lieferanten, Mitarbeiter, Gewerkschaften, Umweltverbände, Verbraucherschützer und dergleichen – explizit in Ihre geschäftlichen Entscheidungsprozesse ein.

- *Technologie:* Implementieren und verbessern Sie weitreichende Kooperations-, Transparenz- und Rückverfolgungsmöglichkeiten. Entwickeln Sie neue Technologien, um neue Chancen im Umfeld der CSR zu nutzen.

Entlang der Stufen des Evolutionsprozesses nehmen die Möglichkeiten, aber auch die Verpflichtung eines Unternehmens mehr und mehr zu, sich durch soziales Engagement auszuzeichnen, vom Wettbewerb abzusetzen und neue Chancen aufzutun – für sich selbst und für die Gesellschaft. Mit welchen Dingen jedoch sollte man konkret beginnen? Ein strukturierter Ansatz, um sich des Themas anzunehmen, kann angesichts seiner vielfältigen Facetten, seiner komplexen Verflechtungen und der Dynamik, mit der es sich Tag für Tag weiterentwickelt, nur eine grobe Richtschnur vorgeben, an der sich ein Unternehmen orientieren kann, um die wichtigsten Teilaspekte der Corporate Social Responsibility zu erfassen. Wir nutzen hierfür ein Modell mit acht Faktoren, die es zunächst hinsichtlich ihrer CSR-Priorität zu bewerten gilt, um dann geeignete Maßnahmen für die am höchsten priorisierten Bereiche – separat oder, wenn möglich, im Zusammenspiel miteinander – zu entwerfen. Wir unterscheiden die Faktoren (a) Marktkräfte, (b) Strategie, (c) Menschen, (d) Informationen, (e) Produkte und Dienstleistungen, (f) Informationstechnologie, (g) Gebäude und Anlagen und (h) Betriebsabläufe.

(a) Marktkräfte

Welche Anforderungen stellen der Gesetzgeber, Regulierungsbehörden, Verbraucherschützer, Nichtregierungsorganisationen, Medien, Kunden, Wettbewerber, Lieferanten, Partner, Finanz- und Marktanalysten an das eigene Unternehmen? Welche gesellschaftlich relevanten Ziele und Bedürfnisse haben sie? Wie lassen sich diese unterstützen beziehungsweise befriedigen?

(b) Strategie

Inwiefern stehen die verfolgten kommerziellen Geschäftsprioritäten im Einklang mit dem eigenen gesellschaftlichen Engagement und den sozialen und ökologischen Anforderungen, die von außen an das Unternehmen herangetragen werden? Lassen sich aus diesen Anforderungen neue Geschäftsgelegenheiten ableiten? Ergeben sich daraus Chancen und/oder Risiken für das bestehende Geschäftsmodell?

(c) Menschen

Welche persönlichen Anforderungen stellen Mitarbeiter, Geschäftspartner und Investoren an das gesellschaftliche Engagement des eigenen Unternehmens? Welche Ziele und Bedürfnisse liegen diesen Anforderungen zugrunde? Wie lassen sie sich mit den Fähigkeiten und Kompetenzen des eigenen Unternehmens unterstützen? Welche Fähigkeiten und Kompetenzen besitzen die Mitarbeiter, Geschäftspartner und Investoren, die das gesellschaftliche Engagement des eigenen Unternehmens begünstigen könnten? Haben sie bereits soziale oder ökologische Initiativen auf den Weg gebracht, die das eigene Unternehmen begleiten und fördern kann?

(d) Informationen

Welche Informationen muss das eigene Unternehmen auf der Grundlage gesetzlicher Verpflichtungen oder durch öffentlichen Druck publizieren, die die allgemeine Wahrnehmung seines gesellschaftlichen Engagements begünstigen oder beeinträchtigen? Auf welche Weise können die zugrunde liegenden Aktivitäten unter sozialen und/oder ökologischen Gesichtspunkten günstig beeinflusst werden? Welche Analysemethoden, Risikomanagement- und Wissensmanagementsysteme kann das Unternehmen nutzen, um selbst Informationen zu gesellschaftlich relevanten Fakten und Entwicklungen zu erlangen?

(e) Produkte und Dienstleistungen

Inwiefern werden gesellschaftlich relevante Aspekte durch die eigenen Produkte und Dienstleistungen positiv oder negativ beeinflusst? Wie lassen sich soziale und ökologische Beeinträchtigungen reduzieren? Wie lassen sich entsprechend positive Effekte verstärken und im Sinne der CSR nutzen? Wie lassen sich durch ein modifiziertes Produktdesign oder durch ergänzende Dienstleistungen soziale und ökologische Bedürfnisse des Marktes und anderer Anspruchsgruppen adressieren? Welche neuen, innovativen Produkte und Dienstleistungen, die das Leistungsspektrum des eigenen Unternehmens ergänzen könnten, sind hierzu geeignet?

(f) Informationstechnologie

Bergen die IT-Hardware, die IT-Netzwerke, die Rechenzentren, die Telekommunikationsanlagen und -netze des eigenen Unternehmens sozial oder ökologisch bedenkliche Aspekte? Besitzen sie Eigenschaften, die für das gesellschaftliche Engagement förderlich sind? Wie lassen sich mit ihrer Hilfe gesellschaftliche Anforderungen unterstützen? Können sie die Grundlage für neue Produkt- oder Dienstleistungsangebote bilden, die einen sozialen oder ökologischen Trend aktiv aufgreifen?

(g) Gebäude und Anlagen

Entsprechen die Fabrik- und Bürogebäude, Ladengeschäfte und Warenlager des eigenen Unternehmens, die eingesetzten Anlagen, Geräte und Materialien den rechtlichen und gesellschaftlichen Anforderungen, die in sozialer und ökologischer Hinsicht an sie gerichtet werden? Wie lässt sich eine entsprechende Übereinstimmung gegebenenfalls herstellen? Sind die genannten Bereiche für Außenstehende transparent? Wenn nicht, wie lässt sich die bestehende Intransparenz verringern? Welche Anforderungen bestehen an Wasserinstallationen, elektrische Leitungen, Heizungs- und Kühlanlagen, Messgeräte, Sicherheitstechnik, Alarmanlagen und dergleichen? Inwieweit werden diese Anforderungen erfüllt? Wie lassen sich Missstände gegebenenfalls beseitigen? Bergen die Gebäude und Anlagen des Unternehmens ein positives soziales und/oder ökologisches Potenzial, das im gesellschaftlichen Sinne genutzt werden kann?

(h) Betriebsabläufe

Werden gesellschaftlich relevante Aspekte durch die Lieferkette des eigenen Unternehmens – von der Beschaffung über die Fertigung, die Logistik, die Lagerung bis hin zum Vertrieb – negativ berührt? Ist die Lieferkette für die Abnehmer und für andere Anspruchsgruppen transparent und nachvollziehbar? Wie kann sie gegebenenfalls umgestaltet werden, um negative Effekte abzubauen und die Transparenz zu erhöhen? Wie lässt sich das soziale und ökologische Engagement des eigenen Unternehmens – entlang der Lieferkette und in anderen relevanten Bereichen – zu Marketing- und Vertriebszwecken nutzen?

Die Kräfte des Marktes, die eigene Strategie, die persönlichen Ziele und Bedürfnisse der Menschen im Unternehmen und in seinem Umfeld, die verfügbaren und die bereitgestellten Informationen, das Produkt- und Dienstleistungsangebot, die eingesetzte Informationstechnologie, die Gebäude und Anlagen, die das Unternehmen nutzt, die Gestaltung seiner Betriebsabläufe – all dies birgt mannigfaltige Potenziale, um die sozialen und ökologischen Anforderungen der Gesellschaft gezielt mit den eigenen geschäftlichen Interessen in Einklang zu bringen. Ein Unternehmen, dem dies in vorbildlicher Weise gelungen ist, ist der in Karlsruhe beheimatete Energiekonzern EnBW. Im Folgenden wollen wir Ihnen an einem konkreten Beispiel zeigen, wie er die beschriebenen Faktoren genutzt hat, um ein innovatives Angebot zu gestalten, das ökologischen Fortschritt mit geschäftlichem Erfolg verbindet.

Vom Keller ins Wohnzimmer: intelligenter Strom von EnBW

Erdbeeren sind im Juni günstig und im Dezember unbezahlbar. Eine ökonomische Binsenweisheit, denn Angebot und Nachfrage regeln den Preis. Auf dem Energiemarkt indes hat dieses Prinzip bisher nur wenig Bedeutung. Egal, ob die Sonne scheint oder der Wind weht, Strom ist für den privaten Abnehmer immer gleich teuer. Abgesehen vom Nachtstrom unterliegt der Strompreis so gut wie keinen Schwankungen. Energiekunden werden einmal im Jahr darüber informiert, wie viel sie für das bezahlen müssen, was sie in der vorangegangenen Abrechnungsperiode verbraucht haben. Dass sich beim Strom Angebot und Nachfrage aber praktisch im Minutentakt ändern, bekommt der Kunde gar nicht mit.[64]

Es wird zurzeit wieder viel darüber diskutiert, ob, wo und wann in Deutschland welche Kraftwerke gebaut werden sollen. Wie jedoch die vorhandene Energie im Alltag eines jeden Einzelnen effizient und ökologisch sinnvoll genutzt werden kann, welche technischen Voraussetzungen nötig und möglich sind, um den Stromkunden überhaupt erst in die Lage zu versetzen, seinen Stromverbrauch auf der Grundlage einer intelligenten Kommunikation mit seinem Energieversorger mit Bedacht zu gestalten, dazu hört man nur wenig.

Zu wenig, meinten die Verantwortlichen beim Energiekonzern EnBW und machten sich an die Arbeit. Immer wieder fiel dabei ein Wort, das ihre Gedanken in eine ganz bestimmte Richtung lenkte: Transparenz. Denn Transparenz, so sagten sich die Strommanager, ist eine zentrale Voraussetzung für einen ökologisch und ökonomisch sinnvollen Umgang mit knappen Ressourcen. Doch wie sollte man die Transparenz erhöhen? Rückblickend erscheint die Lösung naheliegend – und doch ist sie in höchstem Maße innovativ: EnBW löste den altgedienten Stromzähler im Keller durch einen neuen, intelligenten Zähler ab, verpasste ihm ein neues Design und liefert neben individuellen Verbrauchsinformationen auch gleich die aktuellen Strompreise über ein lokales Internetportal in das Wohnzimmer des Kunden. Den gerade gültigen Strompreis kann man zudem – einfach und komfortabel – direkt an einem „Strompreisdisplay" ablesen, einem Gerät, das in jedem Raum in der Wohnung aufgestellt werden kann. Es braucht nur einen Steckdosenanschluss und los geht es. Je nach Energieangebot und Tarif kann sich der Verbraucher entscheiden, ob und wann er welche Stromfresser laufen lässt. Das ist der erste Schritt in Richtung eines intelligenten Energiemanagers. In der nächsten Ausbaustufe soll dann auch der individuelle Stromverbrauch direkt auf dem Display angezeigt werden.

„Das Strompreisdisplay wird unseren Kunden große Vorteile bringen", ist Hellmuth Frey überzeugt, „denn sie erhalten eine wirkungsvolle und innovative Methode, um ihren Energieverbrauch gezielt zu planen." Dem Projektleiter von EnBW fällt es nicht schwer, die Vorzüge seiner Entwicklung anzupreisen: „Das Gerät zeigt an, wann es am günstigsten ist, energieintensive Geräte einzuschalten. Damit sparen unsere Kunden Geld und wir verbessern die Energieeffizienz unseres Unternehmens."

Wie wichtig das ist, zeigt ein Blick hinter die Kulissen des Stromgeschäfts. Denn Strom hat den Nachteil, dass er fließen muss – speichern ist so gut wie unmöglich. Liefern also zum Beispiel Windkraftanlagen zu viel Strom, weil in Norddeutschland gerade eine „steife Brise" aufzieht, dann droht dem Netz der Kollaps. In etwa so, wie zu Beginn der Sommerferien, wenn sich alle Autofahrer kollektiv in Richtung Süden bewegen. Doch Staus kann sich das Stromnetz nicht leisten. Wenn zu viel Strom eingespeist wird, dann bricht es entweder zusammen, oder aber einige Windkraftanlagen müssen abgeschaltet werden.

Um Schwankungen wie diese über den Marktmechanismus abmildern zu können, müssen dem Stromkunden entsprechende Informationen bereitgestellt werden. Zur aktuellen Lage von Angebot und Nachfrage – also zum aktuellen Preis –, aber auch zu den eigenen Nutzungsgewohnheiten. Hierzu sammelt der intelligente Zähler kontinuierlich Daten zum Stromverbrauch im jeweiligen Haushalt. Daraus lassen sich typische Verbrauchsmuster und die Hauptnutzungszeiten ablesen. Um diese möglichst intelligent an die allgemeine Lage auf dem Strommarkt anpassen zu können, zeigt das Strompreisdisplay die Zeiten hoher und niedrigerer Strompreise an, in etwa wie eine Strom-Ampel – Grün bedeutet, dass der Strom billiger ist, und Rot weist auf teure Hochlastzeiten hin. Die Zähler übertragen die neuen Verbrauchsdaten dann direkt an das Abrechnungssystem des Stromkonzerns.

EnBW hat mit dieser Anwendung alle Faktoren der im letzten Abschnitt dargestellten Systematik gut durchdacht miteinander

ander verknüpft. Die ökologischen und ökonomischen Interessen der Kunden, des Gesetzgebers, von Umweltverbänden und anderen Anspruchsgruppen (Marktkräfte) werden mit dem neuen Gerät und dem neuen Service (Produkt- und Dienstleistungsangebot) geschickt adressiert. Das Angebot gibt dem Einzelnen die Möglichkeit, sich nach seinen individuellen Wünschen an einer ökologisch sinnvollen Stromnutzung zu beteiligen (Menschen). Selbst Verbraucherschützer, die die großen Energiekonzerne bekanntlich mit einiger Skepsis beäugen, haben das Konzept bereits mit großem Lob bedacht – ein Konzept, das den gesellschaftlichen Nutzen konsequent mit den geschäftlichen Prioritäten des EnBW-Konzerns verbindet (Strategie). Die Grundlagen hierfür hat das Unternehmen geschaffen, indem es die Transparenz für den Kunden (Informationen) mithilfe neuer Technik (Informationstechnologie) mehr als deutlich erhöht hat. Hierzu war es erforderlich, die Abrechnungsprozesse auf eine ganz neue Basis umzustellen (Betriebsabläufe), um die operative Umsetzung der neuen Energieprodukte zur Steigerung der Energieeffizienz des EnBW-Konzerns zu unterstützen (Gebäude und Anlagen). Die nächste „Evolutionsstufe“ des intelligenten Strommanagements ist unterdessen schon in der Planung: Nicht der Verbraucher schaltet dann bei günstigen Tarifen seine Geräte ein – die Geräte machen dies von ganz allein.

Auch auf politischer Ebene hat man den Nutzen der intelligenten Stromzähler erkannt. Vom Jahr 2010 an sind sie nach dem Willen der Bundesregierung und einer entsprechenden EU-Richtlinie in Neubauten und in totalsanierten Gebäuden Pflicht. Und auch darüber hinaus hat die deutsche Regierung die Entwicklung innovativer Energieprodukte zu einem strategischen Zukunftsthema erklärt. Als „Leuchtturmprojekt“ will man das Optimierungspotenzial von Informations- und Kommunikationstechnologien nutzen, um mehr Wirtschaftlichkeit,

Versorgungssicherheit, Klima- und Umweltschutz in der Stromversorgung zu erreichen. Im Rahmen eines Pilotprojektes in der Region Karlsruhe/Stuttgart, an dem sich neben EnBW auch SAP, ABB, IBM und die Universität Karlsruhe beteiligen, will man neue Energieprodukte entwickeln, die von privaten Abnehmern über das Internet individuell zusammengestellt und eingekauft werden können – zum Beispiel über das Online-Auktionshaus eBay. Auch selbst erzeugte Energie, zum Beispiel aus privaten Solar- oder Windanlagen, soll über die Plattform verkauft werden.

Schlussbemerkung

Zu Beginn des Buches haben wir die Frage gestellt, wie sich die Diskrepanz zwischen dem, was man weiß, und dem, was man tut, die Diskrepanz zwischen einer gut durchdachten Strategie „auf dem Papier" und ihrer Umsetzung in die Praxis überwinden lässt – und warum so viele Unternehmen daran scheitern. Die Lücke zwischen Wissen und Tun, zwischen Strategie und Umsetzung, diese Lücke haben wir als Missing Link bezeichnet. Um sie zu schließen – oder, wie wir es nennen, um die Missing Links in Connecting Links zu transformieren –, müssen in jedem Unternehmen ganz spezifische organisatorische und geschäftliche Aspekte berücksichtigt werden. Denn jedes Unternehmen ist ein individuelles Gebilde, das in einen ebenso individuellen Kontext eingebunden ist. Eines jedoch gilt für alle Unternehmen gleichermaßen: Wenn bestimmte organisatorische Gestaltungsdimensionen auf eine bestimmte Art und Weise gemanagt werden, dann sind die entsprechenden Herausforderungen leichter und besser zu bewältigen.

Bei den betreffenden Dimensionen handelt es sich um die fünf treibenden Kräfte der organisatorischen Evolution: den Umgang mit Veränderungen, die Fähigkeit zur Innovation, die globale Agilität, die Flexibilität des Geschäftsmodells und das gesellschaftliche Engagement. Die Orientierung an diesen Dimensionen allein kann selbstverständlich keinen Turnaround bewirken – keine umfassende organisatorische Restrukturierung, wie sie etwa im eingangs beschriebenen Fall von ABB erforderlich war. Entwickelt man die eigenen Fähigkeiten jedoch entlang der fünf Dimensionen kontinuierlich weiter, dann bilden sie eine exzellente Basis für die Umsetzung der eigenen strategischen Pläne – denn sie lassen den Umsetzungsprozess näher an die Strategieentwicklung rücken. Und dies ist, das zeigen die Forschungsarbeiten von IBM, ein entscheidender Faktor für den geschäftlichen Erfolg: Unternehmen, die ihre Evolution systematisch auf den fünf genannten Dimensionen managen, agieren signifikant erfolgreicher als ihre Wettbewerber.

In den vorangegangenen Kapiteln haben wir gezeigt, wie man entlang der fünf Dimensionen die Missing Links in einem Unternehmen aufspüren und in Connecting Links transformieren kann. Diese Transformation ist allerdings keine statische Errungenschaft, sondern ein hochdynamischer Prozess: Wenn sich ein Unternehmen in seiner Branche an die Spitze der Evolution gesetzt hat, dann werden ihm schon bald andere Wettbewerber folgen. Entwickelt sich das Unternehmen selbst nicht beständig weiter, werden sie unweigerlich aufschließen und an ihm vorbeiziehen. Und auch die Umwelt, in der ein Unternehmen agiert, verändert sich, ebenso wie das Unternehmen selbst – ob es dies will oder nicht. Erfahrene Mitarbeiter gehen in den Ruhestand, neue kommen hinzu, manche werden träge und sind nicht mehr willens oder in der Lage, bei wichtigen Neuerungen mitzuziehen – Neuerungen, die unausweichlich sind, um das Unternehmen an der Spitze des Evolutionsprozesses zu halten. So entstehen immer wieder neue Missing Links, die immer wieder aufs Neue aufgespürt und überwunden werden müssen.

Danksagung

Ein Buch wie dieses zu verfassen, das gelingt nicht ohne die Unterstützung einer Vielzahl kompetenter Helfer. Allen voran gilt unser Dank den zahllosen Gesprächspartnern aus Wirtschaft, Wissenschaft, Politik, mit denen wir unsere Ideen in einem konstruktiven Gedankenaustausch überprüfen und weiterentwickeln konnten. Vielen sind wir in dieser Hinsicht verpflichtet, nur einige können wir an dieser Stelle nennen: Dr. Keith Ulrich und Georg Nentwig von der Deutschen Post World Net, Eckhart Stüwe und Bernhard Oks von der Landwirtschaftlichen Sozialversicherung, Jörg Ackermann, Günter Bahlmann und Yvonne Tepe von der Meyer Werft, Dr. Thomas Wozniewski und Dr. Stefan Klatt von Bayer, Frank Annuscheit, Arno Walter und Stefan Rieg von der Commerzbank, Dr. Wolfram Münch und Hellmuth Frey von EnBW sowie Jerome Guillen, Professor Dr. Bharat Balasubramanian und Florian Zimmermann von Daimler.

Darüber hinaus gilt unser Dank Niels Feldmann, Andreas Neus, Roland Scheffler, Moritz Drerup, Dagmar Domke und Bettina Kahlau, die uns in inhaltlicher und struktureller Hinsicht immer wieder mit wichtigen Anregungen zur Seite standen und die die Grundlagen der Methodik maßgeblich mitgeprägt haben. Moritz Drerup danken wir zudem dafür, dass es ihm gelungen ist, alle beteiligten Parteien stets auf einer gemeinsamen Linie zu halten. Bianka Knoblach von der Wissenschaftlichen Gesellschaft für Management und Beratung hat uns mit guten Ideen und einer blendenden Organisation unterstützt. Martin Janik, unserem Lektor beim Carl Hanser Verlag, danken wir dafür, dass er unsere Arbeit mit einem guten Gespür für das Machbare begleitet hat.

Anmerkungen

1 Dieses Zitat ist einem Artikel des *Manager Magazins* entnommen, der in Heft 7/2002 unter dem Titel „Sicherung durchgebrannt" veröffentlicht wurde.
2 Diese Angabe ist dem Internetlexikon *Wikipedia* entnommen.
3 Missing Links waren zu ihrer Zeit ganz normale Lebewesen. Ihre Rolle als Bindeglied ergibt sich erst daraus, dass die vor ihnen existierenden Lebensformen und die heutigen, höheren Lebensformen gut durch sie getrennt werden können – und daraus, dass die Übergangsform selbst bis heute nicht überlebt hat.
4 Streng genommen weichen wir in einer weiteren Hinsicht vom evolutionsbiologischen Verständnis des Missing-Link-Begriffes ab: In der Theorie Darwins bezeichnet ein Missing Link eine fehlende Übergangsform als solche, während wir *einzelne Eigenschaften* der Übergangsform als Missing Links bezeichnen. So war etwa im Sinne der Evolutionsbiologie der Archäopteryx bis zu seiner Entdeckung ein Missing Link, in unserem Sinne waren es hingegen die Ausbildung von Flügeln oder die Entwicklung des Federkleides. Im strategischen Kontext, bezogen auf das eingangs angeführte Beispiel von ABB, sind somit beispielsweise die Auslagerung von internen Funktionen, die Einführung einer neuen Organisationsstruktur oder die Trennung von Nichtkerngeschäften als Missing Links zu verstehen.
5 Spätestens seit den 50er-Jahren, als die sogenannte Industrieökonomie ihren Siegeszug in den Wirtschaftswissenschaften antrat, zählt diese Vorgehensweise zum festen Bestandteil der strategischen Planung. Damals folgte man der Überlegung, dass eine überdurchschnittliche wirtschaftliche Leistungskraft, also beispielsweise eine überdurchschnittliche Rendite, prinzipiell auf eine bessere Anpassung der eigenen Stärken an die Rahmenbedingungen in einer Branche (englisch industry) zurückzuführen sei. So gingen und gehen die Vertreter der Industrieökonomie, zu denen unter anderem auch der berühmte Harvard-Stratege Michael Porter zählt, davon aus, dass der Erfolg eines Unternehmens vor allem von den Besonderheiten einer Branche beziehungsweise eines Marktes bestimmt wird – etwa von den bestehenden Eintrittsbarrieren, vom Konzentrationsgrad oder von der Verhandlungsmacht der Kunden und der Lieferanten – und dass er demzufolge, zumindest prinzipiell, im Voraus prognostiziert werden kann. Folgt man dieser Argumentation, dann besteht die wesentliche Aufgabe des Managements darin, das eigene Unternehmen für solche Märkte „fit" zu machen, von denen es annimmt, dass sie in Zukunft eine überdurchschnittlich attraktive Entwicklung nehmen werden.
6 Die Untersuchung wurde von der Deutschen Gesellschaft für Managementforschung durchgeführt; betrachtet wurden Firmen ab einem Jahresumsatz von mindestens 500 Millionen Euro.

7 Die ausführlichen Ergebnisse wurden unter dem Titel „IBM Global CEO Study 2008: Das Unternehmen der Zukunft" veröffentlicht.

8 Allein im Jahr 2006 sollen einer Dokumentation auf YouTube zufolge weltweit 1,5 Exabytes – das heißt: $1{,}5 \cdot 10^{18}$ Bytes – neue, einzigartige Informationen generiert worden sein; angeblich mehr als in den 5 000 Jahren zuvor – zusammen genommen.

9 Zu diesem Ergebnis kam das Marktforschungsinstitut Comscore bereits im Jahr 2007.

10 Dabei ist vor allem zu bedenken, dass eine Standardisierung der eingesetzten Methoden ohnehin nicht im gleichen Ausmaß zu einer Standardisierung der Ergebnisse führen kann. Denn diese unterliegen zahlreichen externen Einflüssen, die sich der Kontrolle des Einzelnen entziehen. Insbesondere sind sie in hohem Maße abhängig vom „Faktor Mensch" – von den Personen, die die betreffenden Verfahren anwenden. Denn ihr Umgang mit den standardisierten Verfahren ist selbst nicht standardisierbar.

11 Die Zeitschrift *Focus* berichtete darüber in ihrer Online-Ausgabe vom April 2007 unter der Überschrift „Keiner will den Spargel stechen".

12 Die hier und im Folgenden wiedergegebenen Zahlen, Daten und Fakten sind zu einem großen Teil dem Bericht „Kampf der Giganten" entnommen, der am 30. September 2008 von *manager-magazin.de* veröffentlicht wurde; das Gleiche gilt auch für die meisten der angeführten Zitate.

13 Jürgen Strüber hat die sozialen Aktivitäten bei Facebook in seinem Bericht „Der Club der Weltverbesserer bei Facebook" beschrieben, der am 12. November 2008 in der Online-Ausgabe der Zeitung *Die Welt* veröffentlicht wurde.

14 Derek Abell hat dieses Modell bereits 1980 in seinem Buch *Defining the Business* dargestellt.

15 Dieses Ergebnis stammt aus einer IBM-Studie mit dem Titel „Making Change Work", in deren Rahmen Change-Management-Verfahren auf der Basis der Informationen von 1 400 Change-Management-Verantwortlichen weltweit analysiert wurden.

16 Unser Dank gilt an dieser Stelle Niels Feldmann, Senior Managing Consultant im Bereich Strategy and Change bei IBM Global Business Services, der uns nicht nur wichtige Anregungen zu dieser Unterscheidung gegeben, sondern diese auch methodisch ausgearbeitet hat.

17 Siehe hierzu „IBM CEO Study 2006", Seite 24.

18 Seine große Popularität verdankt er nicht zuletzt den Erfolgen, die Jack Welch mit seiner Hilfe beim US-Konzern General Electric erzielte.

19 Einen guten, praxisnahen Überblick zu Lean Sigma bietet zum Beispiel das Buch *Lean Six Sigma erfolgreich implementieren* von Frank Bornhöft und Norbert Faulhaber, das 2007 in zweiter Auflage im Verlag der Frankfurt School of Finance and Management erschienen ist.

20 Den Titel des Green Belts sollten sie indes nur dann führen dürfen, wenn es ihnen tatsächlich gelang, ihre Aufgabe gemeinsam mit ihrem Team erfolgreich abzuschließen. „So ist das bei uns ja noch nie gelaufen." Kommentare wie dieser waren von den betroffenen Mitarbeitern häufig zu hören – die neue Art des Projektmanagements glich einer Revolution. Es sei an dieser Stelle schon vorweggenommen, dass alle 13 Teamleiter ihre Ziele

erreichten und im Rahmen einer feierlichen Übergabe auf der Vorstandsetage des Commerzbank-Towers von Frank Annuscheit und Arno Walter ihr Green-Belt-Zertifikat erhielten.

21 Diese Zahlen entstammen dem Buch *After the Merger: Seven Rules for Successful Post-Merger Integration* von Max Habeck, Fritz Kröger und Michael Träm.

22 Siehe hierzu den Artikel „Berater können erfolgreicher werden", der bereits im März 1995 von Walter Straub und Lorenz Forchhammer im *Harvard Businessmanager* veröffentlicht wurde.

23 Weiterführende Informationen hierzu bietet die IBM-Studie „Making Change Work", die 2007 von Hans Henrik Jørgensen, Jörg Albrecht und Andreas Neus verfasst wurde.

24 So hieß es in der Pressemitteilung Nr. 181 des Bundesministeriums für Ernährung, Landwirtschaft und Verbraucherschutz vom 9. November 2007, 9:00 Uhr.

25 Im Verlauf dieser Fallstudie beziehen wir uns auf die „Informationen zum Gesetz zur Modernisierung des Rechts der landwirtschaftlichen Sozialversicherung (LSVMG)", die am 10. Januar 2008 gemeinsam von den Bundesministerien für Ernährung, Landwirtschaft und Verbraucherschutz und für Arbeit und Soziales veröffentlicht wurden.

26 Ebenfalls zitiert aus der oben bereits angeführten Pressemitteilung Nr. 181 des Bundesministeriums für Ernährung, Landwirtschaft und Verbraucherschutz vom 9. November 2007, 9:00 Uhr.

27 In ihrem Buch *Das erste Berliner Telefonbuch 1881* erläutert die Historikerin Gerhild H. M. Komander, wie das Telefon nach Berlin kam und wer die ersten 185 Telefonanschlüsse besaß. Ein brillantes Bild der Gründerzeit, sorgfältig recherchiert und spannend geschrieben.

28 Bereits am 30. November 1984 erschien hierzu in der Wochenzeitung *Die Zeit* unter dem Titel „Museale Sciencefiction: Die Zukunft von gestern" ein auch heute noch sehr empfehlenswerter Beitrag von Thomas von Randow.

29 Antonio Meucci starb als verarmter Mann. Erst im Jahr 2002 erklärte ihn der Kongress der Vereinigten Staaten in einer Resolution offiziell zum Erfinder des Telefons.

30 Siehe hierzu die IBM-Pressemitteilung „2007 Was the Year of the 'Omni Consumer' According to IBM Analysis" vom 17. Dezember 2007.

31 Diese Geschichte haben wir dem Artikel „Der Club der Weltverbesserer bei Facebook" von Jürgen Stüber entnommen, der am 12. November 2008 von der Online-Ausgabe der Zeitung *Die Welt* veröffentlicht wurde.

32 Basierend auf der durchschnittlichen jährlichen Wachstumsrate der Nettoumsatzrendite von 2003 bis 2006.

33 Siehe hierzu auch den Beitrag „Nintendo Rewards Its Customers with New Loyalty Program", in Xbox Solution vom 11. Dezember 2003.

34 Siehe hierzu auch den Beitrag „Casual Gamers Help Nintendo Wii Take Lead in 2008, says iSuppli", in Tekrati vom 14. Februar 2008.

35 Quelle: „Worldwide Hardware Shipments", VGChartz.com, Zugriff am 27. März 2008.

36 In seiner Grundform geht das Condorcet-Jury-Theorem von folgenden

Annahmen aus: Eine Jury (im Sinne einer Gruppe von Entscheidern) habe zwischen den zwei Möglichkeiten A und B zu wählen. Die Jury besteht aus k Mitgliedern, wobei k > 2 und ungerade sei. Jedes Mitglied der Jury sei in der Lage, mit der Wahrscheinlichkeit q die bessere der beiden Möglichkeiten auszuwählen; q entspricht also der bedingten Wahrscheinlichkeit, dass sich ein Mitglied für A entscheidet, wenn A besser ist als B, und für B, wenn B besser ist als A. Die Jury entscheidet mit der absoluten Mehrheit ihrer Mitglieder. Q(k,q) bezeichnet die Wahrscheinlichkeit einer korrekten Jury-Entscheidung. Ist 0,5 < q < 1, dann gelten unter den obigen Annahmen die folgenden drei Aussagen: Q(k,q) > q; Q(k,q) steigt mit k; geht k gegen unendlich, so geht Q(k,q) gegen eins. Für den Fall q < 0,5 gilt das Gegenteil. Das Theorem basiert indes auf sehr strengen Annahmen. Insbesondere sollen die Jury-Mitglieder homogen sein, und Korrelationen zwischen ihren Entscheidungen werden ausgeschlossen. In der Praxis besitzen die Akteure in großen Gruppen jedoch in aller Regel unterschiedliche Kompetenzen. Zudem können sie sich gegenseitig beeinflussen, und/oder ihre Entscheidungen können auf miteinander korrelierten Informationen basieren. Die wesentlichen Aussagen des Theorems sind jedoch auch für heterogene Jurys und für den Fall korrelierter Entscheidungen theoretisch bestätigt worden. Vgl. hierzu zum Beispiel den Aufsatz „Condorcet's Jury Theorem – Dependency Among Voters" von Sven Berg, der 1993 in der Zeitschrift *Social Choice and Welfare* abgedruckt wurde (Seite 87–96).

37 Zu diesem Ergebnis kommen David Ernst und James Bamford in ihrem Artikel „Your Alliances Are Too Stable", der im Juni 2005 in der *Harvard Business Review* veröffentlicht wurde.

38 Erstmals beschrieben wurde dieser Ansatz von Lawrence Owen, Charles Goldwasser, Kristi Choate und Amy Blitz in ihrem Aufsatz „The power of many", der 2007 vom IBM Institute for Business Value veröffentlicht wurde.

39 Dieses Beispiel wurde von Daniela Pawlak und Carsten Wink in ihrem Beitrag „Mit einem Vogelnest auf Erfolgskurs" im *BeraterGuide 2008* anschaulich beschrieben.

40 Auffällig ist, dass sich Unternehmen jeder Größe, unabhängig von ihrer geografischen Reichweite, mit diesen Themen befassen und für sie begeistern. Optimierungsmöglichkeiten ergeben sich, ganz gleich, wo das Unternehmen derzeit tätig ist.

41 Basierend auf der durchschnittlichen jährlichen Wachstumsrate der Nettoumsatzrendite von 2003 bis 2006.

42 Viele Führungskräfte sehen ihre Partner dabei nicht zuletzt auch als Quelle wertvoller Talente. „Die Gründe für die Zusammenarbeit mit Partnern haben sich von taktischen Zielen – dem Einstieg in neue Märkte – zu strategischen Argumenten – dem Zugang zu Qualifikationen – verlagert", erläutert ein Vorstand aus Hongkong.

43 Unter der Annahme, dass Sie sich etwa eine Woche mit unserem Buch beschäftigen.

44 Basierend auf der durchschnittlichen absoluten Umsatzrendite für 2003 und 2006.

45 Dieses Zitat ist einem Bericht des *Manager Magazins* entnommen, der in Heft 6/2006 veröffentlicht wurde.
46 Auch dieses Zitat entstammt dem oben angeführten Beitrag des *Manager Magazins*. Eine ausführliche Beschreibung des Geschäftsmodells von Li & Fung findet sich zum Beispiel in dem von John Hagel III 2003 im *Harvard Businessmanager* veröffentlichten Artikel „Die Zukunft des Wachstums" und in der von der Harvard Business School herausgegebenen Fallstudie „Li & Fung: Beyond ‚Filling in the Mosaic', 1995–1998".
47 Einzelheiten hierzu finden sich im obigen Abschnitt zur Innovationsfähigkeit des Unternehmens der Zukunft.
48 Zitiert aus einem Bericht des Portals chemiekarriere.net mit dem Titel „Bayer Schering Pharma: Synergieziele werden erreicht" vom 6. März 2007, abgerufen am 17. November 2008.
49 Der legendäre John D. Rockefeller etwa ist dafür bekannt, dass er im 19. Jahrhundert Petroleumlampen verschenkte, damit man sein Öl kaufte.
50 Wie man mit den Ressourcen starker Partner neue Wachstumschancen erschließen kann, haben Dietmar Fink und Christoph Wamser in ihrem 2006 erschienenen Buch *Outgrowing* beschrieben.
51 Weitere Informationen zur Geschäftsmodellinnovation finden Sie in: Edward Giesen, Saul J. Berman, Ragna Bell und Amy Blitz: Paths to success: Three ways to innovate your business model, IBM Institute for Business Value, Juni 2007.
52 Basierend auf der durchschnittlichen absoluten Umsatzrendite in den Jahren 2003 und 2006.
53 Die in diesem Abschnitt wiedergegebenen Zitate stammen aus einem Beitrag von John F. Jungclaussen, den *Die Zeit* in ihrer Ausgabe vom 25. Januar 2007 unter dem Titel „Immer auf die Großen" abgedruckt hat.
54 Der Stage-Gate-Prozess wurde von Robert G. Cooper in seinem Buch *Top oder Flop in der Produktentwicklung – Erfolgsstrategien: von der Idee zum Launch* beschrieben, das 2002 erschienen ist.
55 Dirk Siegel hat dies ausführlich in seinem Artikel „Component Business Model: einfach flexibler" beschrieben, der 2008 in der Zeitschrift *Information Management & Consulting* erschienen ist.
56 Nähere Informationen zu diesem Modell finden Sie zum Beispiel in der Broschüre *Component business models: Making specialization real* von George Pohle, Peter Korsten und Shanker Ramamurthy, die 2005 vom IBM Institute for Business Value herausgegeben wurde.
57 Siehe hierzu http://www.reisespinne.de/Forum/alles-ubrige/51114-world-balance-das-war-doch-von-ratiopharm.html, Abruf vom 12. November 2008.
58 So zitiert aus einem Artikel von Susanne Amann, der am 8. Juni 2007 unter der Überschrift „Wie Ratiopharm die Welt wieder ins Gleichgewicht bringen will" in der Online-Ausgabe der Zeitschrift *Der Spiegel* veröffentlicht wurde.
59 Siehe hierzu einen Bericht in der Sonderausgabe „Die 300 reichsten Deutschen" des *Manager Magazins* aus dem Jahr 2006.

60 Ein sehr gelungenes Porträt von Dietmar Hopp hat die *Wirtschaftswoche* in ihrer Online-Ausgabe am 28. April 2008 unter dem Titel „Dietmar Hopp – Vadder und Wohltäter" veröffentlicht.

61 Die „Global CEO Study 2008" von IBM zeigt, dass sich das Vorstandsinteresse für Umweltthemen in den vergangenen vier Jahren weltweit verdoppelt hat, auch wenn es nicht gleichmäßig auf dem Globus verteilt ist. Vorstände in Nord- und Südamerika zeigen allmählich größeres Interesse, doch in Europa nimmt die Fokussierung auf Umweltthemen schneller zu. Im asiatisch-pazifischen Raum zeigte sich der deutlichste Anstieg. Dort hat sich die Aufmerksamkeit für die Umwelt seit 2004 fast verdreifacht.

62 Nachzulesen in einem Beitrag von George Pohle und Jeff Hittner mit dem Titel „Attaining sustainable growth through corporate social responsibility", der im Februar 2008 vom IBM Institute for Business Value herausgegeben wurde.

63 Das Zitat ist einem Bericht der Zeitschrift *Stern* entnommen, der am 29. September 2008 in der Online-Ausgabe des Magazins veröffentlicht wurde. Weitere Informationen zu Newman's Own finden sich unter anderem auch in dem spannenden Artikel „Wie Paul Newman zum Saucen-Wohltäter wurde" von Wilfried Eckl-Dorna, der am 30. September 2008 in der Online-Ausgabe der *Wirtschaftswoche* erschienen ist. Das *Manager Magazin* berichtete bereits 2003 über Newmans Aktivitäten unter der Überschrift „Der Dressing-Pate".

64 Dieses Beispiel ist – in leicht abgewandelter Form – einem hervorragenden Artikel von Ralf Thiemann entnommen, der am 3. September 2008 unter dem Titel „Staus im Stromnetz" in der *Frankfurter Allgemeinen* erschienen ist. Im Verlauf der EnBW-Fallstudie haben wir uns mehrfach an diesem Beitrag orientiert.

Register

ABC der gemeinschaftlichen Innovation 105, 113
Abell, Derek 43
Agilität, globale 21 ff., 114–145
- Ansätze 120
- Evolutionsstufen 124 f.
- Facebook 36 f.
- Li & Fung 125–129
- Marketing-/Vertriebspolitik 139
- Mentalität 140 f.
- Missing Links finden 129–133
- Missing Links überwinden 134–145
- operatives Geschäft 139
- Organisationsstruktur 140
- Schering 141–145
- Technologie 140
- Unternehmen der Zukunft 122 f.

Aida 176
Alfred Kärcher GmbH 86
Alignment 105 f., 113
Allan, John 109
Allianz Arena 114
Allianz, strategische 104
Annuscheit, Frank 54 f., 57
Appel, Frank 109
Apple 36, 152, 159
Arcandor 126, 128
Archäopteryx 7, 27
Armbanduhr 79
Asea 1 f.
Asea Brown Boveri (ABB) 1–5, 209, 211
- Veränderungsprogramm 51 ff.

Auer, Leopold 81
Außenstehender, denken wie ein 154

Bankwesen 54–58
Barnevik, Percy 2 ff.
Bauer, Georg 121
Bayer AG 141 f.
Bayer HealthCare 141
Bayer Schering Pharma 141
Bell Telephone Company 80
Bell, Alexander Graham 80, 83
Bethlehem Steel 146
BMW Financial Services 121
Boehringer Ingelheim 142
Boundaries 105 ff., 113
Brahms, Johannes 81
Branchenmodell 152 ff., 160
Brandler, Andrew 149
Brent Spar 181
Brodsky, Adolf 81
Brown, Boveri & Cie. (BBC) 1 f.
Buch der 96 Narren 80
Bundesverband der landwirtschaftlichen Berufsgenossenschaften 74
Bundesverband der landwirtschaftlichen Kranken- und Pflegekassen 74

Centerman, Jörgen 1, 4
Champy, James 69
Checklisten
- Flexibilität des Geschäftsmodells 162–166
- gesellschaftliches Engagement 192–197
- globale Agilität 129–133
- Innovation 96–100
- Veränderung 59–63

China Mobile 160
Churchill, Winston 17 f.
CIGNA Corporation 86
Cisco 148
Clooney, George 190
CLP Group 149
Coca-Cola 117, 146
Cohen, Oktavos 82
Cohler, Matt 37
Combustion Engineering 2

Commerzbank 54–58, 176
Commitment 105, 107 f., 113
Commodities 43
Component Business Model 172, 175 f., 179
Condorcet, Marie Jean Antoine Nicolas Caritat, Marquis de 94
Connecting Link 8
Corporate Social Responsibility (CSR) 182, 185–190, 201, 203

Daimler 92 ff.
Darwin, Charles 6 f., 9
Data-Clustering-Verfahren 119
De Forest, Lee 83
Deutsche Post 108 f., 111
Deutsche Post World Net 108, 113
DHL 108–113
DHL Innovation Center 108 f., 113
Dietmar-Hopp-Stiftung 184
Differenzierung 25
Dormann, Jürgen 1, 3 ff., 51
Draper Fisher Jurvetson 160
Dringlichkeit 32
Duell, Charles 18

Early Adopter 89
eBay 160 f., 209
Eigenschaftsprofil 22
Einstein, Albert 48
EnBW 205–209
Energieeffizienz 187
Engagement, gesellschaftliches 21 ff., 181–209
- – Betriebsabläufe 204 f.
- – Dienstleistungen 203
- – Evolutionsstufen 188 ff.
- – Facebook 37 f.
- – Gebäude/Anlagen 204
- – gesetzliche Bestimmungen 188, 202
- – Informationen 187, 203
- – Informationstechnologie 203 f.
- – Marktkräfte 202
- – Menschen 202
- – Missing Links finden 192–197
- – Missing Links überwinden 198–209
- – Produkte 203
- – Strategie 202
- – strategische Philanthropie 188
- – Unternehmen der Zukunft 186 ff.
- – wertebasierte Selbstregulation 189

Entscheidung 94
Erfindung 79 ff., 82 ff.
Esprit 127
Evolution 6–10
- –, Dimensionen der 21 ff., 27
- – Facebook 35–39
- –, Tools/Terminologie der 26–33

Evolutionsprofil 28 ff.
- –, aktuelles 29 ff.
- – Facebook 39
- –, strategisches 26, 29 ff.

Evolutionssprung 28
Evolutionsstufen 27
- –, aktuelle 27
- – der Geschäftsmodellinnovation 155 ff.
- – gesellschaftliches Engagement 188 ff.
- – der globalen Agilität 124 f.
- – bei Innovationen 90 f.
- –, strategische 27
- – bei Veränderungen 50 f.

Evolutionstheorie 6 ff.
Evolutionstreiber 21, 27
Exzellenzzentren, globale 124, 138

Facebook 33–39, 85
- – Dimensionen der Evolution 35 ff.

FARC 38
Faxgerät 83
Fernsehen 82
Fetz, August 82
Flexibilität des Geschäftsmodells 21 ff., 146–180
- – Branchenmodell 152 ff., 160
- – Evolutionsstufen 155 ff.
- – Facebook 36
- – Meyer Werft 176–180

– Missing Links finden 162–166
– Missing Links überwinden 167–180
– Prozesssicht 171 f.
– Skype 157–161
– Umsatzmodell 150 ff., 160 f.
– Unternehmen der Zukunft 154 f.
– Unternehmensmodell 148 ff.
Ford, Henry 18
Fraunhofer-Institut 109
Frey, Hellmuth 206
Friis, Janus 159 f.
Führungskraft, globale 123
Fung, Victor 126, 128 f.
Fung, William 126 ff.
Fusion 1 ff., 53, 69, 116 f., 121, 172

Gegenwart 38
Gesamtverband der landwirtschaftlichen Alterskassen 74
Geschäftsergebnisse 49
Geschäftsmodell
–, experimentieren mit 155 f.
–, Flexibilität des 21 ff., 146–180
–, globales 122
– Initiativen zur Umsetzung 156
– Neugestaltung 155 f.
– Strategien zur Umsetzung 156
Geschäftsstrategie 105 f.
Gillette, King Camp 146 f., 150
Globalisierung 21 ff., 114–145
Goethe, Johann Wolfgang von 17
Gogh, Vincent van 82
Google 19
Greenpeace 181
Guyette, Jim 116

Hammer, Michael 69
Hanslick, Eduard 81
Hanway, Edward 86
Hasso-Plattner-Institut 184
Hayes, Rutherford B. 80
Herzog, Jacques 114
Hoechst 1
Hole in the Wall Gang (Stiftung) 190 f.
Hopp, Dietmar 184
Hotchner, A. E. 191 f.
Hugo, Victor 83
Huxley, Aldous 10
Huxley, Thomas Henry 7
Hybridmotor 83

IBM 15, 18, 30, 39, 48, 53 f., 95, 109, 111, 116, 138, 153, 185 f., 209, 212
Ideen anderer Branchen 154
Index Ventures 160
Information 19, 187, 203
Informationstechnologie 178 f., 203 f.
Infratab 111
Initiative, globale 124
Innovationsfähigkeit 21 f., 24, 79–113
– Daimler 92 ff.
– DHL 108–113
– Evolutionsstufen 90 f.
– Facebook 35
–, global gelebte 125
– Missing Links finden 96–100
– Missing Links überwinden 101–113
– Unternehmen der Zukunft 88 ff.
Innovator 49
Integration, globale siehe Agilität, globale
Intel 109
Internet 82, 85
Internettelefonie 157–161
Inubushi, Yasuo 117
iPhone 36
iPod 152
ISPAT Industries 185
iTunes 152, 159

Jam Session 92 ff.
Jauch, Günther 94
Jenner, Hartmut 86
Jönsson, Dennis 45
Joost 161
Junghans 79
Jury-Theorem 94

Kao Corporation 85
Karstadt 126
Kay, Alan 79
KaZaA 159
KishKish-Lügendetektor 161
Kobe Steel 117
Kompetenz, globale 122, 124
–, interkulturelle 114, 117 ff., 140 f.
Kostenführerschaft 25
KPN Telecom 45
Kreuzfahrtschiffe 176–180
Kunde
– Bedürfnisse 84, 88, 91
–, informierter 85 ff.
–, Transparenz für 90
– Verhalten 90
Kundengruppe 43
Kundenproblem 43

Lamarck, Jean-Baptiste de 9
Landwirtschaftliche Sozialversicherung (LSV) 72–78
Laura Ashley 127
LCD-Technik 84
Lean Sigma 54–58
Lebensmittelproduktion 190 ff.
Li & Fung 125–129
Lindahl, Göran 1, 3 f.
Logistikindustrie 108–113

Machiavelli, Niccolò 69
Maersk Logistics 151
Malik, Fredmund 12
Marketingpolitik 139
Markt, kreatives Experimentieren am 155
Marktattraktivität 42
Markterwartung 79–84, 88
Marktgrenzen 41 ff.
Marktinformationen 89
Marktnische 25
Massachusetts Institute of Technology (MIT) 109
McDonald's 117, 192
Merck 141
Merckle, Philipp Daniel 184
Metro 127
Meucci, Antonio 83
Meuron, Pierre de 114
Meyer Werft 176–180
Michigan Savings Bank 18
Middelhoff, Thomas 126
Missing Link
– Ausmaß 30
– Definition 6 ff.
– Grundschema 31
– Methodik 15–40
Mitarbeiter 32, 46
– Kundenkontakt 89
– Qualifikation 186
– soziale Verantwortung 187 f.
–, unternehmerisch denkender 154
Mittal, Vinod 185
Morales Guevara, Oscar 38
Motorola 54, 109
Mozart, Wolfgang Amadeus 81
Multinationalität 115
Murdoch, Rupert 34, 36
Musiktauschbörse 159
MySpace 34, 36 f.

Napster 159
Neckermann 126
Netzwerk 126 ff.
–, soziales 33 ff., 85, 123
Newman, Paul 190 ff.
Newman's Own 190 ff.
News Corporation 34
Nichtregierungsorganisation 185, 187
Nike 127
Nintendo 87 f.
Nokia 176
Norwegian Cruise Line 176
Nucor Steel 146

Oks, Bernhard 78
Ozaki, Motoki 85

Painter, William 146
Partner 106 f., 121
Paul, Dietrich 24
Peking, Olympiastadion 114
Pepsi-Cola 146

Philanthropie 188, 192
Plattner, Hasso 184
Porter, Michael 182
Prince 159
Prognose 17 f.
Prosument 86
Prozesse 32
Prozesssicht 171 f.

Quelle GmbH 126

Rackham, Horace 18
Radio Frequency Identification (RFID) 111 f.
Radiohead 159
Rasierklingen 146 f., 150
Ratiopharm 182 f.
Realität 12
Referenzprofil 28
Referenzpunkt 16, 38
Richter, Hans 81
Rieg, Stefan 54 f.
Rimer, Danny 160
Risikokapitalgeber 49 f.
Rolls-Royce North America 116
Royal Caribbean 176

Saint-Exupéry, Antoine de 20, 48
SAP 109, 184, 209
SAP Arena 184
Scheepbouwer, Ad 45
Schering 141–145
Schiottz-Christensen, Steffen 151
Seehofer, Horst 73 f.
Selbstregulation, wertebasierte 189
Selektion, natürliche 9
Service Level Agreement 173
Serviceorientierte Architektur (SOA) 175 f.
Shakespeare, William 19
Shell 181 f., 185
Siemens 3
Six Sigma 54 ff.
Skype 157–161
Smart Sensor Temperature 109, 112
Sony 83
Spargelernte 24
Spencer, Herbert 9
Spielekonsole 87 f.
Stephan, Heinrich von 80
Stereobelt 83
Strategie 6 ff., 32
Stromanbieter 205–209
Stromzähler, intelligenter 206 ff.
Suchmaschine 19
Survival of the Fittest 9

Technologie 32, 43
– globale Integration 140
Technologiebranche 1–5
Telefon 80 f., 83
Telekommunikationsbranche 158 ff.
Tetra Pak 45
The Gillette Company 147
Thönnes, Franz 73
Timing 88 f.
Tommy Hilfiger 127
Toshiba America 116
Toyota 83
Transformation 28, 32
–, potenzielle 8
Triffin, Robert 42
Triffinscher Koeffizient 42 f.
True North 16 f., 38
Tschaikowsky, Pjotr Iljitsch 81 f.
TSG Hoffenheim 184
Twain, Mark 17

Übernahme 1 ff., 53, 69, 116 f., 121, 172
Uchiike, Toru 116
Ulrich, Keith 108, 111, 113
Umsatzmodell 150 ff., 160 f.
Umweltthemen 186 f.
Universität Karlsruhe 209
Unternehmen der Zukunft 17–26
– Flexibilität des Geschäftsmodells 154 f.
– gesellschaftliches Engagement 186 ff.
– globale Agilität 122 f.
– Innovation 88 ff.
– Veränderungen 48 ff.
Unternehmenskomponenten 172 ff., 179

Unternehmensmodell 148 ff.
Unternehmensplanung, strategische 25

Valentin, Karl 17
Veränderungen, Umgang mit 21 f., 24, 45–78
– Akzeptanz 48
– Commerzbank 54–58
– Einflussgrößen 47
– Evolutionsstufen 50 ff.
– Facebook 35
– kontinuierlicher Ansatz 53 f.
– Landwirtschaftliche Sozialversicherung (LSV) 73–78
– Missing Links finden 59–63
– Missing Links überwinden 64–72
– Produktivität 71
– programmbasierter Ansatz 51 ff.
– Unternehmen der Zukunft 48 ff.
Veränderungsprojekt
– begleitende Maßnahmen 71 f.
– Erfolgsfaktoren 72
– Misserfolg 69
– vorbereitende Maßnahmen 70 f.
Verantwortung, soziale 182 f., 184–189, 192
Vernetzungseffekte 88 f.
Versicherungswesen 73–78
Vertriebspolitik 139
Violinkonzert 81 f.

Walkman 84
Wallenberg, Familie 3
Wal-Mart 127
Walt Disney 127, 176
Walter, Arno 54 f.
Watson, Thomas 18
Web 2.0 34
Weber, Thomas 94
Wenning, Werner 141 f.
West Japan Railway Company 47
Wii 87
World in Balance (Stiftung) 183
Wright, Orville 18
Wright, Wilbur 18
Wulff, Christian 176

Yahoo 33 f.
Yamazaki, Masao 47

Zennström, Niklas 158 ff.
Zetsche, Dieter 93
Zuckerberg, Mark 33–37
Zukunft 10 f., 17–26, 30, 38